環境ビジネスのゆくえ

グローバル競争を勝ち抜くために

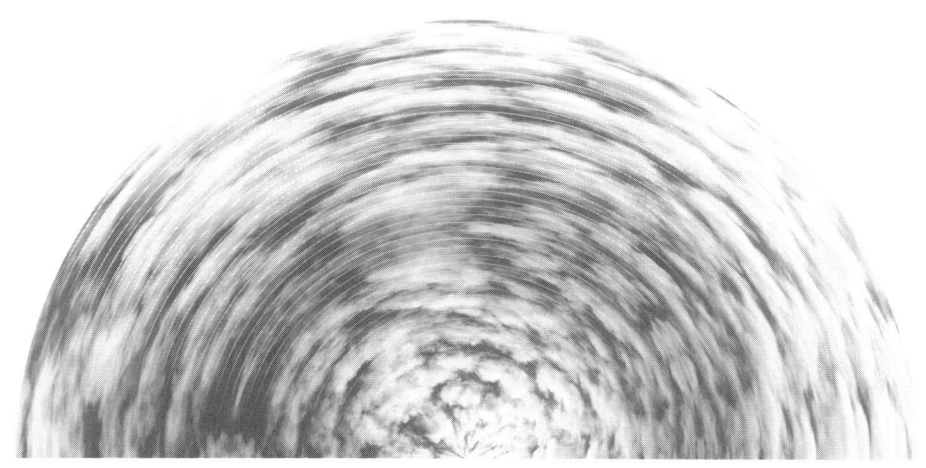

長沢伸也【編】
三菱UFJリサーチ&コンサルティング株式会社【著】

日科技連

まえがき

　21世紀は環境の時代と言われて久しい。環境・エネルギーに配慮した製品・機器の開発・サービスのみでなく、スマートシティ・スマートグリッドなどの社会的なイノベーションも進みつつある。また温室効果ガスの排出量取引や東日本大震災を踏まえた原子力規制が新たなビジネスチャンスにつながる事例もある。こうした背景を踏まえ，本書では、環境・エネルギー関連ビジネスを通じて環境貢献や社会貢献を実現しようとする事例を中心に、グローバルな視点で環境ビジネスの現状を紹介し、そのゆくえを予測する。

　環境問題のアプローチには、市場の外で法律や条例などの直接規制で解決しようとする立場と、環境問題を市場のメカニズムの中へ取り入れ市場の力を使って解決しようとする立場とがある。本書では、後者すなわち企業や市場からのアプローチに重点を置き、「持続可能な開発と消費」を目指して生まれつつある「環境ビジネス」すなわち「環境への負荷の軽減に資する商品・サービスを提供するビジネス、さまざまな社会経済活動を環境保全型のものに変革させるうえで役立つ技術やシステム等を提供するビジネス」という新しいパラダイムの現状と展望について解説する。

　環境ビジネスは大きなチャンスである一方、ビジネスとして難しく、政治経済と無縁ではない。アメリカでは、オバマ大統領が2008年就任直後に「グリーン・ニューディール政策」を打ち出し、10年間に1500億ドルもの再生可能エネルギーへの投資や500万人のグリーン雇用の創出を公約に掲げた。しかし、米政府からの補助金や融資保証を受けていた太陽電池メーカー、蓄電装置ベンチャー、電気自動車(EV)向けリチウムイオン電池メーカーが2011年から2012年にかけて相次いで破綻した。スペインは、太陽光発電政策により飛躍的に太陽光発電を普及させたが(第7章)、買取固定価格が高かったため国家財政が悪化した。

　東日本大震災から1年経過し、国内のすべての原発が運転を停止しても、日本は以後のエネルギー政策を打ち出せず不透明である。そのため、企業は難しい意思決定を迫られている。元来、日本には、グリーン・イノベーションを起こすための高い技術力と経験があり、環境ビジネスで世界をリードできる。しかし、単に「環境ビジネスは有望だから」と安易に手を出すのは危険である。そのためにも、ビジネスとしての全体像を俯瞰する必要がある。

本書の狙い・特徴は以下のとおりである。

(1) 環境ビジネスとして現在注目されている温室効果ガス排出権取引関連ビジネスなど11の環境ビジネスについて、「ビジネスの背景」、「ビジネスの現状」、「ビジネスのゆくえ」を統一的に解説することにより、俯瞰的に理解できる。特に、各ビジネスの定義や範囲、ビジネス発展の背景やプレーヤーを明確にすることにより、ビジネスの実態に迫る。

(2) 環境ビジネスはビジネスとして難しいと言われているなかで、今後の事業の拡大や発展を視野に入れた内外の最新の動きを具体的な事例で紹介する。

(3) 市場の外での法律や条例などの直接規制によるアプローチについても、環境ビジネスを生み出す源にもなっているので、関連法令・規制等を適宜述べる。

また、本書は、環境ビジネスに関わる企業・組織・行政の方々、環境ビジネス、環境工学、環境経済学、環境社会学、技術経営(MOT)、CSRを学ぶ学生、環境ビジネスに興味を持つ一般の方々を想定読者としている。

編者は、経済産業省「オフィス家具の3Rシステム化可能性調査委員会」委員長、環境省「使用済み製品等のリユース促進事業研究会」委員、環境省「環境成長エンジン研究会」委員などを務めているが、これらは三菱UFJリサーチ&コンサルティングが事務局の受託事業であった。また、同社マネジメントシステム部　矢野昌彦部長は大学の同じ研究室の後輩になる。このような縁から、各環境ビジネスのエキスパートである同社のトップコンサルタントの総力をあげて本書は執筆された。編者は具体的な環境ビジネスの選定、項目建てやテイストの統一と加除修正に当たった。もちろん、内容や構成は編者と各執筆者が等しくその責めを負っていることは言うまでもない。

最後に、本書は、日科技連出版社出版部の木村修氏のご尽力により形となった。ここに厚く御礼申し上げる。

DO YOU KYOTO？（環境によいことをしていますか？）

京都議定書第一約束期間最終年の春　都の西北にて

編者　長沢　伸也

環境ビジネスのゆくえ　◎目次

まえがき………iii

第1章　企業の環境対応からCSRへ………1
1.1　企業の環境対応の背景………1
1.2　環境・CSR 関連ビジネスの現状………5
1.3　環境・CSR 関連ビジネスのゆくえ………10

第2章　環境ビジネスの変遷………13
2.1　環境ビジネス発展の背景………13
2.2　環境ビジネスの現状………17
2.3　環境ビジネスのゆくえ………22

第3章　温室効果ガス排出権取引関連ビジネス………25
3.1　温室効果ガス排出権取引関連ビジネスの背景………25
3.2　温室効果ガス排出権取引関連ビジネスの現状………28
3.3　温室効果ガス排出権取引関連ビジネスのゆくえ………34

第4章　省エネ関連ビジネス………39
4.1　省エネ関連ビジネスの背景………39
4.2　省エネ関連ビジネスの現状………46
4.3　省エネ関連ビジネスのゆくえ………49

第5章　スマートグリッド関連ビジネス……………51

5.1　スマートグリッド関連ビジネスの背景………51
5.2　スマートグリッド関連ビジネスの現状………55
5.3　スマートグリッド関連ビジネスのゆくえ………60

第6章　電気自動車関連ビジネス……………………63

6.1　電気自動車関連ビジネスの背景………63
6.2　電気自動車関連ビジネスの現状………69
6.3　電気自動車関連ビジネスのゆくえ………71

第7章　再生可能エネルギー関連ビジネス………………75

7.1　再生可能エネルギー関連ビジネスの背景………75
7.2　再生可能エネルギー関連ビジネスの現状………80
7.3　再生可能エネルギー関連ビジネスのゆくえ………92

第8章　廃棄物関連ビジネス ………………………………95

8.1　廃棄物関連ビジネスの背景………95
8.2　廃棄物関連ビジネスの現状………102
8.3　廃棄物関連ビジネスのゆくえ………105

第9章　資源リサイクル関連ビジネス…………………107

9.1　資源リサイクル関連ビジネスの背景………107
9.2　資源リサイクル関連ビジネスの現状………111
9.3　資源リサイクル関連ビジネスのゆくえ………118

第10章　水ビジネス……121
10.1　水ビジネスの背景………121
10.2　水ビジネスの現状………124
10.3　水ビジネスのゆくえ………130

第11章　海洋資源関連ビジネス……133
11.1　海洋資源関連ビジネスの背景………133
11.2　海洋資源関連ビジネスの現状………138
11.3　海洋資源関連ビジネスのゆくえ………143

第12章　化学物質管理関連ビジネス……147
12.1　化学物質管理関連ビジネスの背景………147
12.2　化学物質管理関連ビジネスの現状………153
12.3　化学物質管理関連ビジネスのゆくえ………157

第13章　生物多様性関連ビジネス……161
13.1　生物多様性関連ビジネスの背景………161
13.2　生物多様性関連ビジネスの現状………165
13.3　生物多様性関連ビジネスのゆくえ………171

索引………177

編者紹介・著者紹介………181

装丁・本文デザイン＝勝木雄二

第1章 企業の環境対応からCSRへ

1.1 企業の環境対応の背景

1.1.1 CSRとは

　CSRはCorporate Social Responsibilityの略であり、直訳すれば「企業の社会的責任」である。CSRは、環境（E）、社会（S）、ガバナンス（G）などを基本要素としており、環境対応だけでなく社会性やコンプライアンス、リスク管理体制も包含する概念として定義されている（図表1.1）。CSRは、本来ステークホルダー（利害関係者）との「関係性マネジメント」ともいうべき位置づけであり、ステークホルダーとの信頼関係をどのように維持、改善していくかをマ

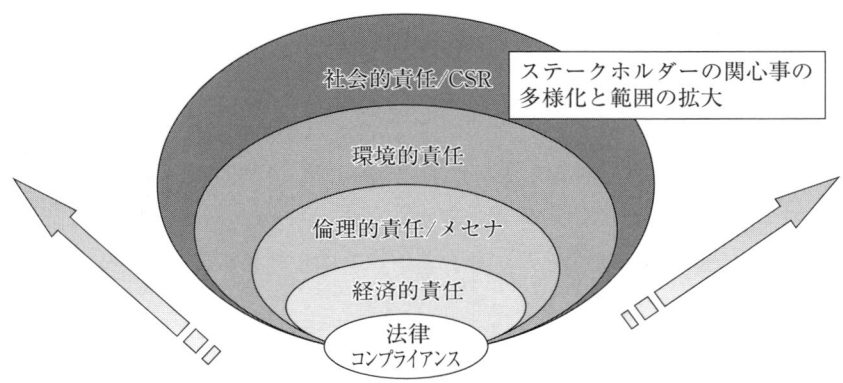

（出典）　三菱UFJリサーチ＆コンサルティング（以下MURC）作成
図表1.1　環境責任から社会的責任へ

ネジメントするものといえる。CSRのキーワードとして「ステークホルダー・エンゲージメント」という用語がある。一般に「企業が社会的責任を果たしていく過程において、相互に受け入れ可能な成果を達成するために、対話などを通じてステークホルダーと積極的にかかわりあうプロセス（日本経団連企業行動憲章）」と定義されている。企業は、環境責任のみでなく社会的な責任として、グローバルな経済社会をよい方向へ改善していく使命を有するようになってきたのである。

1.1.2　企業の環境対策の変遷

企業における環境対策の始まりは、1960年代にさかのぼる。大量生産・大量廃棄の高度経済成長の影で、水俣病・新潟水俣病やイタイイタイ病、四日市ぜんそくなど公害が発生し、その抑制策としての環境対策が最初であった。1970年代になると大気・水質など法規制が強化され、企業の環境対策が本格化した。1980年代にはいり、フロンやCO_2削減など地球環境問題を発端に、経営者が環境課題を重視する兆しが生まれ、環境対策から「環境経営」へと格上げされた。

その後1992年には地球サミットが開催され、「リオ宣言」により、持続可能な開発など環境経営が本格化するようになった。1996年にはISO 14001が発行され、環境マネジメントシステムの導入が本格化するようになった。さらに年次報告としての環境報告書などの企業レポートも出されるようになっていった。2000年以降になると環境からCSRの流れが生まれ、多くの企業がサステナブル（持続可能）経営へと舵を切った。つまり、環境問題に取り組むことが、企業が当然果たすべき社会的責任として認識され始めたのである。2003年には大手企業がCSR専門部署を立ち上げ、CSR元年といわれている。

このような背景の中で、企業が生き残るためのキーワードは「利益確保」のみでなく、長い目で見た場合に「社会と信頼関係」を築くことが企業において持続可能と認識されるようになった（図表1.2）。

1.1.3　CSR深化の経緯：国際規格の発行

CSRが企業経営に積極的に取り入れられ，深化したきっかけとして、国際

図表 1.2 環境・CSR の進展

時代	1961～1970	1971～1980	1981～1990	1991～2002	2003～2009	2010～
経済	高度成長時代 実質 GDP6～12%超	中成長時代 実質 GDP5～8%	低成長時代 実質 GDP3～5%	不況デフレ時代 実質 GDP マイナス成長	景気回復基調 不透明な時代 不況の波	不況脱却？ 震災後さらに不透明
環境・社会事象	1962年レイチェル・カーソン『沈黙の春』有害化学物質への警告	1972年ローマクラブ『成長の限界』地球資源の有限性を警告	1982年国連人間環境会議「ナイロビ宣言」 1986年ソ連チェルノブイリ原発事故	1992年地球サミット「リオ宣言」[生物多様性条約] 1997年 COP3 京都議定書採択 2003年 WEEE 指令(廃電気電子機器指令) RoHS 指令(有害物質使用制限指令)	2003年1月～CSR部門設置 2005年2月京都議定書発効 REACH 不祥事の顕在化 内部統制強化 2006年4月国連 PRI(責任投資原則)の発行	2010年生物多様性条約 COP10 開催 ISO 26000 発行 IIRC(国際統合報告委員会)設立
経営面	大量生産・大量廃棄・高度成長(つくれば売れる)	計画的陳腐化・成長の鈍化	企業2極化 成長企業と成熟企業の明確化	企業存続の2極化 企業再編の拡大	利益至上主義からバランス重視 中長期の戦略策定	ダイバシティマネジメント・ワークライフバランス
環境面	公害対策 環境対応のみ	法規制強化 環境対策	環境経営初期	戦略的環境経営 環境配慮商品・サービス 環境報告書	CSR報告書	生物多様性マネジメント

(出典) MURC 作成

規格である ISO 26000 の発行があげられる。2010 年 11 月、あらゆる組織の社会的責任を網羅的に定めたガイドラインとして ISO 26000（社会的責任規格）が発行された。ISO 26000 は、企業、消費者、労働組合、政府、NGO、その他有識者の 6 つのカテゴリーから幅広いステークホルダーが参加し「マルチステークホルダー・プロセス」を経て発行されたことで注目をあびた規格である。ISO 26000 は認証を目的としたマネジメントシステム規格ではなく、ガイダンス文書という位置づけである。すべての組織を対象とした規格ではあるが、大企業から中小企業のあらゆる組織の CSR への取組みの参考となる。以下の 7 つの項目が中核主題（図表 1.3）として、配慮すべき項目となっている（カッコ内は取組み項目としての課題）。

① 組織統治（1. ガバナンス）
② 人権（1. デュー・ディリジェンス[1]、2. 人権に関する危機的状況、3. 加担の回避、4. 苦情解決、5. 差別及び社会的弱者、6. 市民的及び政治的権利、

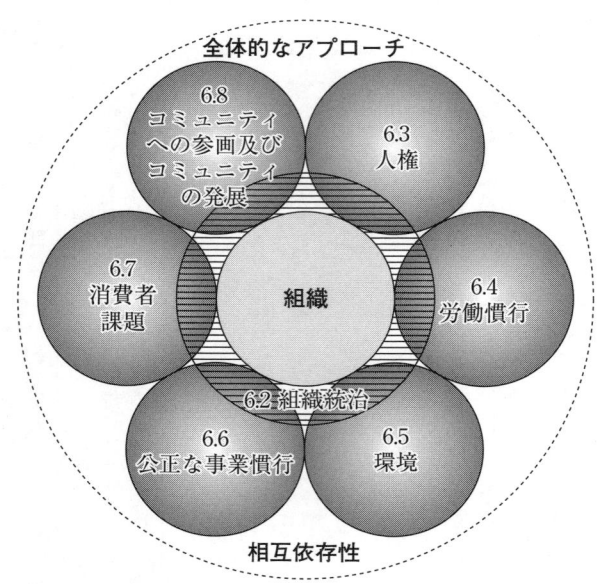

（出典） ISO 26000 図 3 7 つの中核課題

図表 1.3　ISO 26000 の中核主題

---

1) 組織の決定や活動が社会・環境・経済に与える負の影響を調べること。

7. 経済的、社会的及び文化的権利、8. 労働における基本的原則及び権利）
③ 労働慣行（1. 雇用および雇用関係、2. 労働条件及び社会的保護、3. 社会対話、4. 労働における安全衛生、5. 職場における人材育成及び訓練）
④ 環境（1. 汚染の予防、2. 持続可能な資源の利用、3. 気候変動の緩和及び適応、4. 環境保護、生物多様性、及び自然生息地の回復）
⑤ 公正な事業慣行（1. 汚職防止、2. 責任ある政治的関与、3. 公正な競争、4. バリューチェーンにおける社会的責任の推進、5. 財産権の尊重）
⑥ 消費者課題（1. 公正なマーケティング、事実に即した偏りのない情報及び公正な契約慣行、2. 消費者の安全衛生の保護、3. 持続可能な消費、4. 消費者に対するサービス、支援並びに苦情及び紛争解決、5. 消費者データ保護及びプライバシー、6. 必要不可欠なサービスへのアクセス、7. 教育及び意識向上）
⑦ コミュニティへの参画およびコミュニティの発展（1. コミュニティへの参画、2. 教育及び文化、3. 雇用創出及び技能開発、4. 技術の開発及び技術へのアクセス、5. 富及び所得の創出、6. 健康、7. 社会的投資）

1.2 環境・CSR関連ビジネスの現状

1.2.1 環境課題解決型ビジネス

1996年にISO 14001が発行され、環境認証ビジネスが進展した。2000年以降は、大企業から中小企業に環境認証が広がり、サプライチェーンリスクを軽減するための、第三者評価・認証ビジネスが発展してきた。具体的には、ISO 14001、エコステージ、エコアクション21、KESなど環境認証ビジネスが広がり、EUでは、EMAS（Eco-Management Audit Scheme）という認証制度やEUの地域ごとに発展してきた経緯がある。

企業にとって、環境経営は、CSR経営の中の重要な項目の1つとして扱われている。企業が抱える環境課題は以下のとおりである（図表1.4）。

2003年頃から、環境・CSRを推進する部署が発足し、環境・CSRを統括していた部署が、コンプライアンスやリスク管理、内部統制も行うなど領域が広

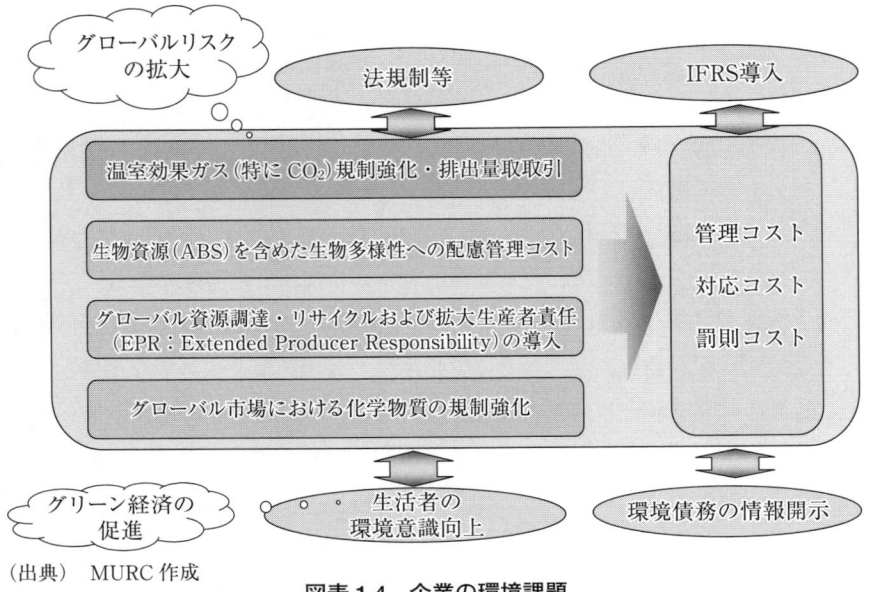

(出典) MURC 作成

図表 1.4　企業の環境課題

がるにつれて、環境と CSR の推進部署が分化してきた歴史がある。環境推進部署はグローバルに環境対応を考え、製品に対する環境規制を含めた企画から管理までを一貫して行っている会社も多い。

　図表 1.4 に示したように企業の環境課題は、地域の環境問題からグローバルリスクに関連する項目に拡大してきており、①温室効果ガス削減、②生物多様性、③資源調達・リサイクル・廃棄物対策、④化学物質管理などが主なテーマになっている。

　国際会計基準(IFRS)の導入に向けた日本の会計基準の改定の影響もあり、環境債務の情報開示や、生活者への環境意識向上策など、グリーン経済の促進そのものが企業の使命になってきている。

　さらに、国内においては、2011年3月11日の東日本大震災により、省エネ・節電から、再生可能エネルギーを含めて、エネルギーを生み出す「創エネ対策」など、エネルギー課題が今後の重要テーマとして再認識されるようになってきた。

1.2.2　環境課題から社会課題解決へ

　環境からCSRへと企業の取組みや開示が発展する中で、大企業は、環境課題のみでなく、コンプライアンス、人権やブランド、製品安全、消費者対応などを含めた広範な経営課題を抱え、この課題解決がビジネスとして発展してきた。例えばコーポレートブランドと直結して非財務分野の活動全般の開示（CSR報告書）や第三者監査などのモニタリングビジネスなどが進展してきた。この背景には、大企業においては、企業価値向上を目指して、CSR経営ランキングの向上やブランド価値を高めるためCSR活動を評価される枠組みが定着してきたことによるものである。

　大企業のこのような流れを受けて、企業取引の潮流も「グリーン調達」のみでなく、「CSR調達」の流れが生まれた。「CSR調達」の目的は、良質な材料・部品の調達のみなく、その産地や製造プロセスまで評価して、社会的にも、いい会社と取引していくことで、サプライチェーン全体の安心・安全の確保がねらいである。

　このような流れは、欧米を中心とした海外投資家の影響を受けながら企業

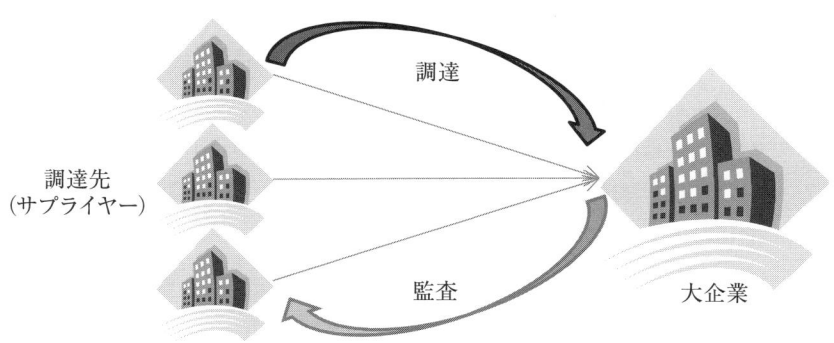

1. 顧客ごとに異なるアンケート調査や監査への対応自体が負荷
2. 言われた範囲のことしか対応できない（対応しない）
3. 調査や監査のときだけ対応し、あとは忘れる。

1. 現実的にはアンケート調査結果を信じるしかない
2. すべての取引先に対する監査は現実的には無理
3. CSR調達としてサプライチェーンリスクを考慮した診断が必要

（出典）　MURC作成

図表1.5　CSR調達の課題

単体、グループ会社、そしてサプライチェーン全体へと、「CSR 推進」から「CSR 調達」へと発展してきた経緯がある。

特に調達先が海外の場合、先進国ではほとんど問題とならない産地における環境問題のみでなく児童労働や強制労働の問題の把握が必要になる例もある。

多くの大企業は、CSR 調達ガイドラインを策定し、取引先に対してアンケート調査を実施し、環境、コンプライアンス、労働・人権、ガバナンスなど調査結果を集計し、状況を把握している段階である。しかし、課題はアンケート結果を信じるしかないことである。多くの企業において、サプライチェーン全体の実態把握はできていないのが現実である。

一方で、取引先にとっても、顧客からのアンケートがバラバラで、それぞれに対応し、回答しなければならないことが負担になっている現実がある。このような課題を抱えながら、サプライチェーンリスクを低減していくことが、企業にとって喫緊の課題になっている(図表 1.5)。

1.2.3　社会課題解決ビジネス

CSR においては、本来、社会課題を本業で解決していくことが求められている。戦略的 CSR 活動の位置づけとして、社会課題への解決ビジネスとして「BOP(Base of the Economic Pyramid)ビジネス」があげられる。

BOP ビジネスの定義は、主として、途上国における BOP 層[2]を対象(消費者、生産者、販売者のいずれか、またはその組合せ)とした持続可能なビジネスであり、現地におけるさまざまな社会的課題(水、生活必需品・サービスの提供、貧困削減など)の解決に資することが期待される、新たなビジネスモデルといわれている。

2010 年に、BOP ビジネスを総合的に支援する仕組みとして、経済産業省が「BOP ビジネス支援センター(英語名:Japan Inclusive Business Support Center)を設立した。BOP ビジネス支援センターは、企業・NGO/NPO・国際機関・支援機関等を会員とし、日本企業等による BOP ビジネスの促進を目指している。以下がその成功事例である。

---

[2]　1 人あたり年間所得が 2002 年購買力平価で 3,000 ドル以下の階層であり、全世界人口の約 7 割である約 40 億人が属するとされる。

図表 1.6 協力準備調査（BOP ビジネス連携促進）2011 年 6 月 15 日公示分採択案件一覧

	国名	提案代表者	共同提案者	案件名
1	インドネシア	水道機工株式会社	東レ株式会社、北九州市、財団法人北九州国際技術協力協会	太陽光発電・小型脱塩浄水装置を用いた飲用水供給事業
2	ベトナム	ルビコンソフトウェア株式会社	協同組合企業情報センター、ゼファー株式会社	再生可能エネルギーを活用した世界自然遺産離島の電化、水産資源高度化事業
3	インド	シャーレ株式会社	株式会社野村総合研究所	遠隔教育を活用したインドの BOP 層のリーダー育成ビジネス
4	インド	アース・バイオケミカル株式会社	グローバルリンクマネージメント株式会社、株式会社パテコ	栄養食品開発事業
5	バングラデシュ	株式会社雪国まいたけ		緑豆生産の体制構築事業
6	バングラデシュ	日本ベーシック株式会社	八千代エンジニヤリング株式会社	自転車搭載型浄水器を活用した水事業
7	バングラデシュ	オリジナル設計株式会社	岩崎電気株式会社	バングラデシュにおける安全な水供給のための BOP ビジネス
8	バングラデシュ	株式会社地球快適化インスティチュート		軽量太陽光パネルを用いた貧困層の生活水準向上事業
9	ブラジル	株式会社フルッタフルッタ		ブラジル連邦共和国におけるアグロフォレストリー農法を用いた環境順応型 BOP ビジネス
10	ナイジェリア	株式会社イースクエア	プライスウォーターハウスクーパース株式会社	BOP 層が参画する環境配慮型の自動車リサイクルバリューチェーンの構築事業
11	ガーナ	川南ツーズ株式会社	プライスウォーターハウスクーパース株式会社	ガーナ国における地産地消ビジネス
12	ウガンダ	サラヤ株式会社	三菱 UFJ リサーチ＆コンサルティング株式会社	新式アルコール消毒剤による感染症予防を目的とした BOP ビジネス
13	タンザニア	財団法人都市農山漁村交流活性化機構	ヤンマー株式会社、豊田通商株式会社、有限会社農業マーケティング研究所	相互金融マイクロファイナンスによる中小・零細農民への農業機械普及事業

(出典)「BOP ビジネス連携促進」, 国際協力機構 (JICA), 2011 年

(1) マラリア予防用蚊帳(住友化学株式会社)

マラリア予防用に殺虫剤を練込んだ糸使用の蚊帳「オリセットネット」を開発し、殺虫効果が5年以上持続し、経済的・効果的にマラリアを予防できる点が高く評価され、需要が拡大した。さらにタンザニアで生産を行い、約7,000人の雇用を創出し、地域経済発展にも貢献した。

(2) 農業用ポンプ(ヤマハ発動機株式会社)

現地にあわせた農業用ポンプを使用し、新農法(ドリップシステム)をアフリカ(セネガル等)に普及させ、NGOや現地政府等と連携し、農民への説明・指導を実施し、農作物(玉ねぎ等)の生産効率向上(水やりに3人必要→1人未満)や長期的な生産コストの削減に貢献した

(3) 水質浄化剤(日本ホリグル株式会社)

水質浄化剤の製造を行っている中小企業(大阪府大阪市)が水質浄化剤を活用し、水質浄化剤による凝集の様子をバングラデシュの子供たちに紹介し、安全な飲み水の普及に取り組んでいる。さらに、現地の女性による販売ネットワークも構築した。

また、国際協力機構(JICA)は、2010年度に続き、企業などが行うBOPビジネスとの連携を促進するため、事前調査を支援する枠組み「協力準備調査(BOPビジネス連携促進)」を2011年度も実施し、13件の調査案件を採択した。BOPビジネスの関心への高さがうかがえる(図表1.6)。

1.3 環境・CSR関連ビジネスのゆくえ

1.3.1 CSRからESG評価へ

2011年から、企業の財務報告にESG報告(非財務情報)を統合して開示する「統合報告」の国際フレームワーク開発に向けた動きが加速した。その背景には2010年、企業情報開示の抜本的改革に向けて、IIRC(国際統合報告委員会)

が設立されたことがある。

IIRCは、現在の財務報告(有価証券報告書など)に環境側面(E)、社会側面(S)、ガバナンス(G)に関する報告を統合し、明確性・正確性・一貫性のある様式に基づいて情報を開示するための国際報告フレームワークを策定中である。このフレームワークは、企業のパフォーマンスを統合化し、業績のみでなく、企業活動の実績と将来の課題解決や業績の見通しを包括的かつ判断しやすい情報として発信されることを想定しており、まさに持続可能な新たな企業指標となることが期待されている。

日本からは、東証や公認会計士協会が積極的に関与しており、企業のESGに関わるパフォーマンスと財務的パフォーマンスとを明確に関連付ける開示が目指されており、将来的には、開示制度、格付制度の仕組みにも影響を与えることが想定される。

1.3.2 環境・社会貢献を目指したビジネス創出へ

環境・CSRにおいては、本業に根ざしたCSR活動が環境課題や社会課題を解決するとともに、持続的な利益がもたらされる必要がある。

今まで実施してきたCSR活動がESG評価となり、投資家が環境課題や社会課題に取り組む会社に積極的に投資し、世界全体に広がることが期待される。

そのためには、自分益から地球益へと転換を図る理念を持ち、国内から海外への面展開と、100年先、1000年先といった世代への貢献を考えることがビジネスの基本となってくるであろう(図表1.7)。まずは、自社のコア技術を活用して、新興国の環境課題や社会課題解決に挑んでいくことが先決である。この課題解決が、南北問題などの地域格差や、世代間格差を解消するとともに、持続可能な企業として繁栄を期待されることになろう。

今までのCSRから、投資機関を含むESG評価や統合報告の流れは、事業戦略や商品開発そのものに大きな影響を与えるようになりつつある。例えば国内におけるコモディティ商品[3]を新興国などのニーズにマッチングさせたうえ

---

3) 競争商品間の差別化特性(機能、品質、ブランド力など)が失われ、主に価格あるいは量を判断基準に売買が行われるようになる商品。

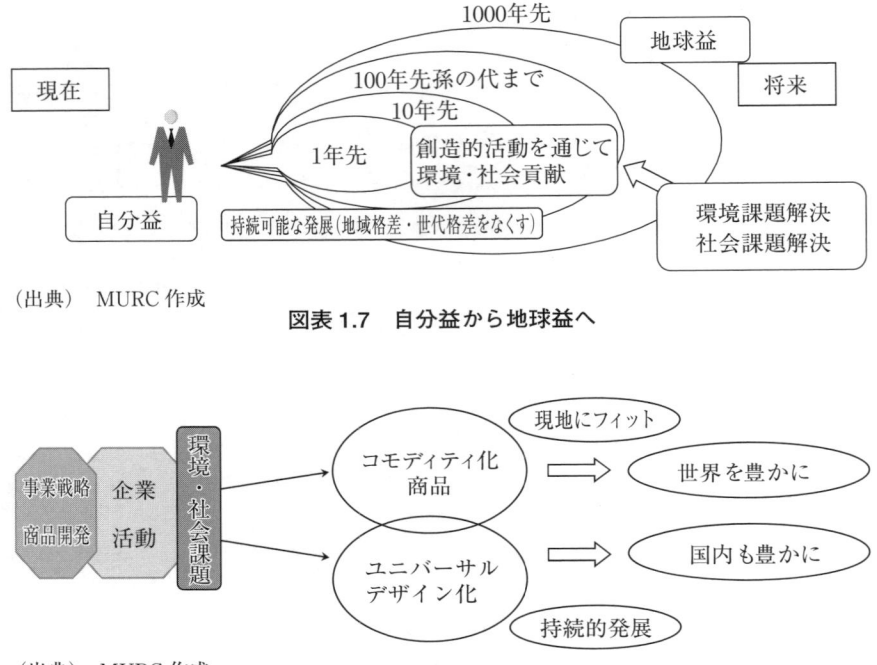

(出典) MURC 作成

図表 1.7　自分益から地球益へ

図表 1.8　事業戦略と環境・社会貢献

で、現地を豊かにしていくビジネスモデルや雇用を生み出す地域活性化も支援できる。さらに少子高齢化の進んだ国内においても、ユニバーサルデザイン化（障害者や高齢者でも使いやすい）商品・サービスを提供することで、国内を豊かにし、かつ海外も同時に豊かにできるような発想に期待したい（図表1.8）。

このように事業の発展と環境・社会貢献を両立できる企業が、評価され、投資循環が生まれ、さらにその企業が発展し、サプライチェーンを通じて多くの産地や取引先が育成され、発展し、公正・公平な取引が実施され、それが、統合報告として見える化されることが、現実になる日も近いと考えられる。

第2章 環境ビジネスの変遷

2.1 環境ビジネス発展の背景

2.1.1 環境ビジネスとは

　環境ビジネスとは一般に、「自然環境の汚染防止、資源の有効利用、新エネルギーの開発、廃棄物の再利用などに役立つ製品やサービスを提供する事業」と定義される。第1章で述べたCSRは環境(E)、社会(S)、ガバナンス(G)の3つを対象とした課題解決を対象としているが、第2章以降では、環境(E)を対象とした課題解決を環境ビジネスとして紹介する。環境ビジネスは環境法など規制を発端として発展してきた経緯があり、環境法規制を順守または、より高いレベルに改善するために、環境技術を中核にした装置やソリューション、環境測定やサービスなどさまざまな領域で発展してきた。一例として主な環境法規制とその関連ビジネスを整理する(図表2.1)。

　1967年に制定された公害対策基本法では，大気汚染，水質汚濁，土壌汚染，騒音，振動，地盤沈下，悪臭を公害としており、これらは典型7公害と総称されている。これらの公害を抑制するために、環境ビジネスが発展してきた経緯がある。図表2.1に示すように、環境関連事業は、環境法規制への対応ビジネスから、資源リサイクルなど循環型社会の形成に向けたリサイクルビジネスや、省エネ、省資源などの環境管理ビジネス、環境配慮型の商品・サービスの提供へと多岐にわたっている。

図表 2.1　主な国内環境法規と環境関連ビジネス

主要な環境法	環境関連事業
大気汚染防止法	脱硫装置、集塵機、排ガス処理など大気汚染防止装置
自動車 NOX・PM 法	自動車排気ガス浄化触媒、装置など
水質汚濁防止法	排水処理施設、薬剤
水道法・下水道法	上下水道処理装置、薬剤、水質総合管理、水源地、水循環
浄化槽法	し尿処理装置、合併浄化槽
騒音・振動規制法	騒音・振動対策装置・防音壁・吸音装置
土壌汚染対策法	土壌浄化プラント、土壌浄化装置、薬剤、地下水浄化事業
廃棄物処理法	産業廃棄物収集運搬・中間処理、処分および関連処理装置
資源有効利用促進法	資源リサイクル関連装置、循環資源・ゼロエミッション事業
自動車リサイクル法	自動車リサイクル関連装置、リペア・リビルド・中古部品事業
建材リサイクル法	リフォーム事業、再資源化ビジネス
家電リサイクル法	家電リサイクル関連事業、貴金属回収・販売事業
食品リサイクル法	食品リサイクル関連装置、肥飼料事業
化審法・PRTR 法	MSDS 関連事業、REACH 関連事業
オゾン層保護法	代替フロン事業、ノンフロン事業
フロン回収・破壊法	フロン回収・破壊事業
省エネルギー法	省エネ診断(ESCO など)、省エネ機器の開発・販売
地球温暖化防止法	排出量取引、CDM、カーボンフットプリントなど関連事業
再生可能エネルギー特別措置法	発電事業、蓄電事業(EV、燃料電池など)、送電事業

(出典)　MURC 作成

2.1.2　環境ビジネス発展の経緯

　1990 年代から、環境ビジネスが発展段階を迎えることになった。その背景には、1992 年「環境と開発に関するリオ宣言」、行動計画「アジェンダ 21」、「森林原則声明」、「気候変動枠組条約」、「生物多様性条約」などが国際的に合意されたことがある。

　この宣言や条約を受けて、国内の各企業も公害規制を含む環境対応から環境経営へと舵をきり、環境経営を推進する企業へのビジネスが発展してきた。

　国も、「環境と経済の両立」を目指して、規制を強化しながら、環境ビジネスを育成していく方向転換が明確になった。

日本国内で環境ビジネスがさらなる発展をするようになったきっかけとして、資源有効利用促進法の制定や改正省エネ法と地球温暖化防止法の改正といった法規制があげられる。

(1)　循環型社会に向けた資源有効利用促進法の制定

　容器包装、家電、食品、建設・建築資材、自動車など業種別の各リサイクル法が矢継ぎ早に、制定・施行され、3R[1)]活動が浸透するようになり、ゼロエミッションを目標にした環境ビジネスやリサイクル技術も進展した。

　この背景となった法律の1つが、2001年から施行された循環型社会形成推進基本法および資源有効利用促進法である。特に資源有効利用促進法は、大量生産、大量消費、大量廃棄型の経済システムから、循環型経済システムに移行を目指す画期的な規制を実施することが目的であった。持続的に経済が発展していくためには、環境制約・資源制約が大きな課題だったからである。以下に資源有効利用促進法の概要を述べる。

・原材料などの使用の合理化を行うとともに、再生資源および再生部品の利用をするよう努めなければならない。
・製品が長期間使用されることを促進するよう努める。
・使用後などの製品及び建設工事にかかわる副産物について、再生資源として利用することを促進するよう努めなければならない。
・製品をなるべく長期間使用し、ならびに再生資源および再生部品の利用を促進するよう努める。

　この法律の目的を達成することで、各企業が、製品の開発段階からライフサイクルで環境配慮をする契機となった。

(2)　改正省エネ法と地球温暖化防止法の改正

　もう1つの環境規制の大きな変化は、改正省エネ法である。1999年には、トップランナー方式が採用され、各々の特定機器において、「もっとも省エネ性能が優れている機器(トップランナー)」の省エネ性能以上を基準する制度

---

1)　2000年循環型社会形成推進基本法において ①リデュース ②リユース ③リサイクル ④熱回収 ⑤適正処分の優先順位を明確にした。

で、省エネ基準の達成度合いを表示する制度として、省エネラベリング制度も運用され、各企業の競争を通じた省エネ機器の開発と、消費者を含めた社会的なインセンティブを合わせもつ制度として環境ビジネスの発展に貢献した。

省エネ法は、2010年にも改正され、エネルギー使用量の報告単位が、事業所単位から事業者単位（会社単位）へ変更され、各拠点のエネルギー使用量を集計し、会社全体としてエネルギーの使用総量を次年度に報告することが義務付けられるようになった。

また、省エネ法の改正にあわせて、地球温暖化防止法の改正も実施され、温室効果ガスの排出量も算定し、CO_2削減の義務化も明確になった。これにより企業に省エネ推進と低炭素化を同時に報告させる流れが整備された。このような背景のなかで、環境ビジネスは、エネルギーマネジメントシステムの導入など、各工場、拠点が多い事業者向けにエネルギー使用量の把握や省エネ措置の支援ビジネスにまで広がった。以下にそのプロセスを示す。

① エネルギー使用量およびCO_2排出量の算定
② CO_2排出量算定マニュアルの策定と改訂
③ 省エネ措置の計画と記録

エネルギーマネジメントシステムにおいては、省エネ措置を所定様式で定期報告するのみでなく、過去の構築物の劣化診断や設備のメンテナンス記録および修繕などを踏まえて定期保全計画のなかに省エネ措置を盛り込む。また、省エネ機器および空調他設備についてトップランナーをベースした省エネ機器の更新計画を作成し、設備更新の定期モニタリングにより、CO_2削減効果をも検証していくビジネスモデルが発展してきた。

特にトップランナー方式など各メーカーを巻き込みながら、省エネ製品や省資源製品の導入のみでなく、会社全体の省エネ推進やITを活用したエネルギー使用量の見える化など「全体最適」を目指すようになった。その結果、環境ビジネスには機器からシステムへの変化が見られるようになっていった。

このような流れを社会的にPRしてきた事例として「エコプロダクツ展」などがあげられる。エコプロダクツ展は、国内最大級の一般向けの展示会で、環境配慮型製品・サービス（エコプロダクツ・エコサービス）に関するビジネスが紹介されるもので、1999年から現在まで毎年開催されている。

2.1.3　東日本大震災後の環境ビジネス

2011年3月11日、東日本大震災が発生し、計画停電など余儀なくされ、大規模事業者は15％の節電義務を負うことになった（電気事業法に基づく電力使用制限の発効）。

各企業の対応として、以下のようなことが実施された。

① 現状のムダ（ピークカット手法を含む）を節電対策として実施
② 計画停電に対する非常用発電の導入
③ 工場やオフィス拠点の分散化・代替化の実施
④ 操業時間の分散（土日の振替、サマータイム、残業カット）
⑤ 省エネ機器の導入（LEDなど省エネ機器への交換、燃料転換など）の実施
⑥ 創エネの検討（自然エネルギー：太陽光発電、風力発電、太陽熱利用、地熱発電、コージェネレーションシステム、非常用発電電源など）

2011年8月26日、再生可能エネルギー特別措置法が成立し、2012年7月1日から施行される。再生可能エネルギーの具体例としては、太陽光、太陽熱、水力、風力、地熱、波力、温度差、バイオマスなどがあげられる（第7章参照）。世界では、再生可能エネルギーは年々増え、国内でも同様の傾向である。『自然エネルギー白書2011』によれば、太陽光と風力が増加しているものの、地熱や小規模水力の成長がないことが報告されている。

再生可能エネルギー特別措置法は、発電した電力を固定価格で買い取ることを電力会社に義務付けた。この規制がきっかけで、発電事業や蓄電事業、スマートメーターなど電力需給のコントロールなど新規事業が期待されている。

2.2　環境ビジネスの現状

2.2.1　環境ビジネスの市場規模

環境ビジネスの現状や市場を捉えるうえで、環境省の『平成22年版環境・循環型社会・生物多様性白書』からその潮流を示す。

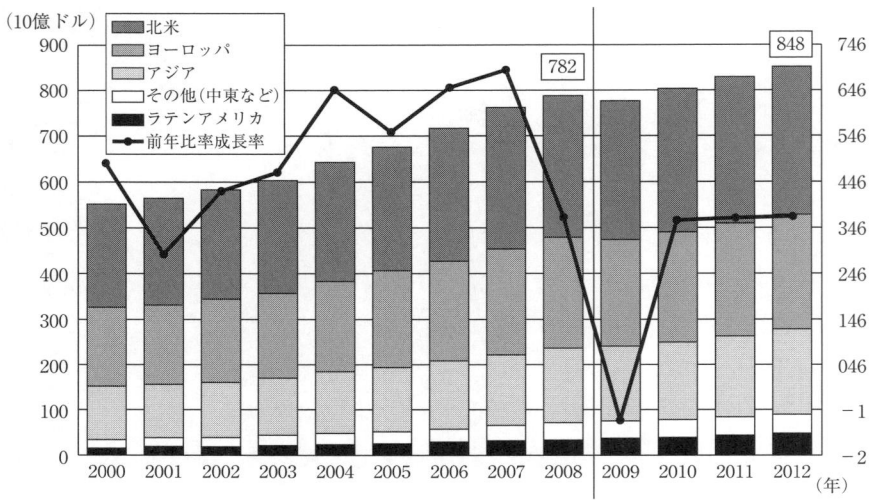

注1：2009年の数値は推計
注2：2010年以降は予測値
資料：Environmental Business Internetional 社データより環境省作成

（出典）　環境省：『平成22年版環境・循環型社会・生物多様性白書』

図表2.2　地域別で見た世界の環境市場

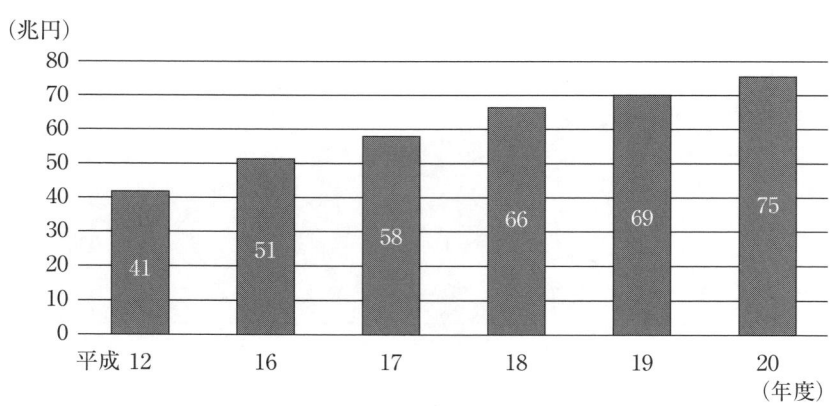

（出典）　環境省：『平成22年版環境・循環型社会・生物多様性白書』

図表2.3　国内の環境市場

環境ビジネスの世界市場に関する推計を見ると、2006年時点で約1.37兆ドルとされる環境産業の世界市場が、2020年までに2.74兆ドルへと倍増することが見込まれている(グリーン・ジョブ報告書)。

また、地域別で見た世界の環境市場は、2009年にはリーマンショックの影響でマイナス成長となったが、2010年以降は再び3%強の成長と予測され、地域別に見ると、2008年から2012年にかけてアジアが大きく成長し、約200億ドルの市場拡大が見込まれている(図表2.2)。

環境省によると、国内における環境ビジネスの市場規模についての調査によれば、2000年(平成12年度)以降、我が国における環境産業の市場規模は継続して拡大している(図表2.3)。2008年(平成20年度)について見ると、市場規模で約75兆円、雇用規模で約176万人と推計している。

2.2.2　環境ビジネスの主要プレーヤー

環境ビジネスの領域は広く、以下の各章からわかるように、ハード(技術系)、ソフト、ハードとソフトの融合、マネジメントとあらゆる業種がかかわっている。環境ビジネスの主要プレーヤーには、メーカー(機器・エンジニアリング)、商社、通信、金融、シンクタンクなどがあげられる。

特に、資源・エネルギー分野において主要プレーヤーの熾烈な競争とコンソーシアム(連携化)が進行している。

2.2.3　日本の環境技術の強みと弱み

我が国の環境技術力を特許件数から見ると、アメリカや欧州における環境分野の特許件数が近年ほぼ横ばい傾向にある一方で、我が国で登録される環境分野の特許件数は、上昇傾向にあり、2008年(平成20年)にはおよそ2,000件となっている。また、環境技術の特許出願に占める各国シェアでは、大気・水質管理、固形廃棄物管理、再生可能エネルギーなどの各分野において我が国は高い水準になっている(図表2.4)。

しかしながら、日本の環境技術の優勢はあるものの、要素技術(素材／部品)や環境・省エネ技術が得意分野であり、以下の点が弱点といわれている。

① 　コンソーシアム組成・提案力・プロジェクトマネジメント力

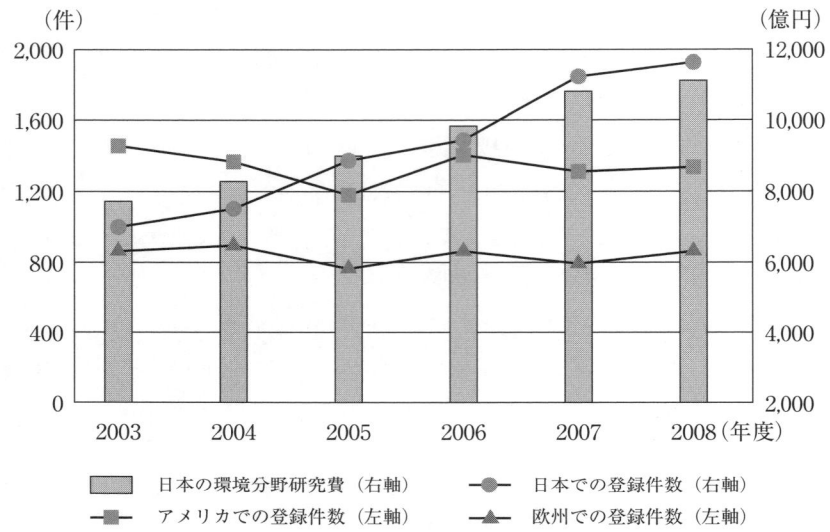

資料：総務省「平成21年科学技術研究調査」および特許庁「重点8分野の特許出願状況」より環境省作成

（出典） 環境省：『平成22年版環境・循環型社会・生物多様性白書』

図表 2.4　環境分野の競争力

② 価格力（ダウングレード）
③ 新興国など現地への適応力（言語・商習慣・規格）

2.2.4　主要な環境ビジネスの現状

　図表2.5に主な環境ビジネスの分野別動向についてまとめてみた。原子力ビジネスは新興国を中心に拡大基調であったが、東日本大震災と福島第一原子力発電所事故の影響で、経営計画の見直しを余儀なくされている。水ビジネスは拡大基調であるが、3大メジャーが世界市場を占有しており、日本企業も、膜や処理技術など要素技術での拡大にとどまっている状況である。

　太陽光発電も世界市場が伸びているが、コストが高く、世界市場で伸び悩んでいるのが実態である。スマートグリッドは、まさにこれからの市場である。再生可能エネルギー特別措置法など、今後の期待も大きい。

図表 2.5　環境ビジネスの分野別動向

環境分野	現状のビジネス動向	主なプレーヤー
原子力	ドイツ：原子力全廃：日本の原発事故をきっかけとして、エネルギー政策を根本的に改革する決断をした世界で唯一の国。 フランス：原子力政策：国内に58基の原発を擁し、発電量の8割を原発でまかなう「原子力大国」。第二次大戦後に原子力庁が誕生。1970年代の石油ショックを受けて原発開発が進んだ。アレバ社は世界で100カ所以上の原発建設を手がけ、三菱重工などと協力・連携を進めている。日本の福島第一原発の廃炉指導を実施した。 英国：次世代原子炉を10基前後新設する計画があり、東芝子会社の米ウェスティングハウス（WH）などが承認を求めていたが、建設が遅れている。 米国：需要も落ち込んでおり計画の見直しは当然だが、原発をやめることはまったく考えていない。	三菱重工－アレバ連合、日立－GE連合、東芝－WH連合、ロシア連合）
水	世界の水ビジネス市場は2025年には2007年の約2倍の7000億ドル（87兆円）規模に達すると予想（2007年約3500億ドルだった（通商白書2009））された。新興国の成長を踏まえると110兆円との想定もある。水ビジネスの成功要因は、以下のとおり、 ①相手国が求めるニーズを踏まえた提案力 ②水源から蛇口までの各プロセスの機器・システムをトータルコーディネートし、マネージする力 日本においては、淡水化技術、漏水技術、浄水場の維持管理の技術を活かす流れができつつある	世界3メジャー（ヴェオリア（仏）、スエズ（仏）、テムズウォーター（英））で75兆円を占める。 日本のプレーヤーは、荏原、日立プラント、日揮、日本ガイシ、富士電機など
スマートグリッド	オバマ政権が、米国のグリーン・ニューディール政策の柱として打ち出したことから、注目を浴びる。日本は過去30年以上にわたる太陽光発電技術の開発の研究開発の普及が電力系統の進化を促し、スマートグリッドという新概念を生み出している（トヨタ－米マイクロソフトの提携などによると2015年にはスマートグリッド関連の市場への投資額は全世界で2,000億ドルに達する）(Pike Research社予測)。 アジア・太平洋地域市場は2010年以降急速に拡大し、2013年には全世界の35％程度を占めると見られ、同市場に続くのが、米国市場のおよそ25％となっている。	発電（東芝、日立、三菱重工、富士電機など）、蓄電池（日本ガイシなど）、送電（各電力会社、東京都など）、スマートメーター（大崎電気、三菱電機など）、スマートビル・スマートハウス（鹿島、大林、清水、竹中工務店など）に加えて、通信・情報処理分野として、パナソニック、シャープ、山武、富士通、NECなど電機メーカ、トヨタ、デンソー、日産、富士重工、三菱自工などの自動車関連各社のみでなく、NTT、ソフトバンク、KDDIなど通信事業者
太陽光発電	太陽電池の生産量は、①中国、②日本、③ドイツ、④台湾、⑤マレーシア、⑥アメリカの順になっており中国の競争優位が目立つ。 国内メーカー：太陽光セル（2011年1月～3月四半期）の総出荷量総出荷は627,575kW（対前年同期上比119.4％）。 国内出荷が283,429kW（出荷構成比上比45.2％、対前年同期上比133.4％）で住宅用の比率が高い（太陽光発電協会）。	ファーストソーラー（米国）、サンテックパワー（中国）、シャープ、Qセルズ（独）、インリグリーンエナジー、JAソーラー、京セラなど

（出典）　各種資料からMURC作成

2.3　環境ビジネスのゆくえ

2.3.1　環境ビジネスの転換点と潮流

環境ビジネスの転換点の1つは、2008年に日本で開催されたG8北海道洞爺湖サミットである。

国内外あげて取り組むべき今後の環境政策の方向を明示し、世界の枠組みの中で、我が国として世界に貢献するうえでの指針が明確になった。「環境立国・日本」の方向性を踏まえ、以下の8つの戦略を打ち出している。

＜戦略1＞気候変動問題の克服に向けた国際的リーダーシップ
＜戦略2＞生物多様性の保全による自然の恵みの享受と継承
＜戦略3＞3Rを通じた持続可能な資源循環
＜戦略4＞公害克服の経験と智慧を活かした国際協力
＜戦略5＞環境・エネルギー技術を中核とした経済成長
＜戦略6＞自然の恵みを活かした活力溢れる地域づくり
＜戦略7＞環境を感じ、考え、行動する人づくり
＜戦略8＞環境立国を支える仕組みづくり

いずれの戦略においても「環境ビジネス」の拡大が重要な要素である。特に、戦略1の温室効果ガス排出量削減では、世界全体の排出量を現状に比して2050年までに半減するという目標の実現に向けて、「革新的技術の開発」とそれを中核とする「低炭素社会づくり」という長期ビジョンを提示している。

2.3.2　東日本大震災後の環境ビジネスへの影響

もう1つの環境ビジネスの転換点は2011年3月11日の東日本大震災である。

震災後、原子力の推進から、再生可能エネルギーへのシフトが加速化しており、これまでの延長線上にない革新的な新エネルギー技術や省エネルギー技術の開発、実用化をさらに、加速度的に進める必要性が高まった。

こうした動きは震災の復興としての街づくりとリンクしている。その大きな流れが第5章で述べる「スマートグリッド関連ビジネス」である。発電(東芝、日立、三菱重工、富士電機など)、蓄電池(日本ガイシなど)、送電(各電

力会社、東京都など）、スマートメーター（大崎電気、三菱電機など）、スマートビル・スマートハウス（鹿島建設、大林組、清水建設、竹中工務店など）に加えて、通信・情報処理分野として、パナソニック、シャープ、山武、富士通、NEC など電機メーカーやトヨタ、デンソー、日産、富士重工、三菱自工などの自動車関連各社のみでなく、NTT、ソフトバンク、KDDI など通信事業者も参入を計画している（詳しくは、第5章で述べる）。

　スマートコミュニティ[2]やスマートグリッドの実現には、社会的なインフラ技術が核となり、IT 技術は不可欠なものとして位置づけられる。今までの環境技術である装置などハードだけでは、スマート社会は実現できない。IT を活用した全体最適の仕組みの提案を通じて地域の特性に合ったエネルギーマネジメントシステム（EMS）をコンソーシアムとして実現していく必要がある。

　環境ビジネスは、今まで規制を中心に成り立ってきたが、今後は、環境価値を創造する企業へと脱皮を図る知恵作りが重要な要素となっている。

　また、環境ビジネスへの参入を検討している中小企業も多くなってきている。業界を超えて、スマート社会への変革ビジネスが始まろうとしているが、その応用技術やアプリケーションの開発においては中小企業が有する技術が不可欠になってきている。

　さらに、スマートコミュニティの実現は、ICT（情報通信技術）を駆使して、エネルギーのみでなく、下水道、交通といった社会インフラを効率的に整備・運用する仕組みへと広がるきっかけになる。これにより、住民の生活の質向上とともに、二酸化炭素や廃棄物の排出量を減らして持続的な成長を目指した街づくりにも貢献できる。

　すでに、世界各国においてもスマートシティのプロジェクトが進んでおり、再生可能エネルギーを活用した電力送配電設備やエネルギーマネジメントシステム（EMS）、蓄電池、電気自動車（EV）など市場規模は、巨大になることが予想されている。

　日本の各企業が連携することで、先進的な環境技術が、マネジメントシステムとして体系化される。その体系化したインフラを新興国の貢献に役立てるこ

---

2)　スマートコミュニティ：スマートグリッドを含むエネルギーの最適化が実現されたエリア。

とが日本企業に課せられたテーマである。

2.3.3　スマート経営への提言

　環境経営から CSR 経営へ，そして 21 世紀はスマート経営への変革の時代を迎える。スマート経営とは，長期的視点で，適正な利益を計上しつつ，環境・社会へ貢献していくことを意味する。環境ビジネスで世界市場で貢献していくためには，スマート経営の実践が必要である。

　経営者の最大の責務は，スマート経営を目指して「持続可能性」に取り組んでいくことである。日本のものづくりは「質がよい」と言いながらも，国内市場は縮小し，少子高齢化は避けられない。企業価値創造のためには，海外市場への販売や現地化支援へビジネスを追い求めざるを得ない。

　日本のものづくりの反省点として，最新・最高の技術で高機能・多機能が付加され差異化してきた経緯があり，新興国の目線からは，過剰に機能が高い「メタボ商品」になっている事例も多い。

　トップランナーの環境配慮型商品から現地にフィットした社会貢献システムを売る商売へ変革を遂げることが，スマート経営の原点であるともいえよう。

第 2 章の参考文献

[1]　『自然エネルギー白書』，環境エネルギー政策研究所(ISEP)，2011 年．
[2]　『平成 22 年版環境・循環型社会・生物多様性白書』，環境省，2010 年．
[3]　『平成 23 年版環境・循環型社会・生物多様性白書』，環境省，2011 年．
[4]　『通商白書 2009』，経済産業省，2009 年．
[5]　『通商白書 2010』，経済産業省，2010 年．
[6]　『通商白書 2011』，経済産業省，2011 年．
[7]　太陽光発電協会(JPEA)ホームページ，統計資料
　　　http://www.jpea.gr.jp/
[8]　「スマートグリッド・スマートコミュニティについて」，経済産業省ホームページ
　　　http://www.meti.go.jp/policy/energy_environment/smart_community/

第3章 温室効果ガス排出権取引関連ビジネス

3.1 温室効果ガス排出権取引関連ビジネスの背景

3.1.1 温室効果ガス排出権取引関連ビジネスとは

　国や企業がさまざまな活動によって生じる温室効果ガス(Greenhouse Gas：GHG)を大気中に排出する権利を「排出権」という。この排出権は経済価値を持ち、それを生み出したり売買したりするビジネス、つまり温室効果ガス排出権取引関連ビジネスが形成されている。地球温暖化とは気候変動の一種であり、大気温度が長期的に上昇することである。地球温暖化は地球環境のみならず、地球上で生活する人類にも大きな影響を与えることが予想されている。

　1988年には、気候変動の現状と気候変動が社会経済にもたらす影響に関する科学的知見の提供を目的として、「気候変動に関する政府間パネル」(Intergovernmental Panel on Climate Change：IPCC)が設立された。また、1992年にリオデジャネイロで開催された「環境と開発に関する国際連合会議(地球サミット)」において、政府レベルでの国際的議論が始まった。地球サミットでは気候変動枠組条約が採択され、気候変動とその対策について話し合う定期的な会合(気候変動枠組条約締約国会議：COP)の開催が規定された。

　その後、IPCCによって発行された気候変動に関する報告書やCOPにおける議論を経て、"気候システムの温暖化には疑う余地がない。このことは、大気や海洋の世界平均温度の上昇、雪氷の広範囲にわたる融解、世界平均海面水位の上昇が観測されていることから今や明白である。"という見解が共有される

にいたった。それと同時に、地球温暖化の原因が、経済活動にともなう人為的な GHG の大気中濃度の増加であるという認識も共有化された。

　温暖化対策とはすなわち GHG 排出量を削減し、大気中の GHG 濃度を安定化させることである。1997 年に京都で開催された気候変動枠組条約第 3 回締約国会議(COP3)では、先進国の拘束力のある GHG 削減目標(2008 ～ 2012 年の 5 年間で、1990 年に比べて日本 − 6%、米国 − 7%、EU − 8% 等)を規定した「京都議定書」(Kyoto Protocol)が合意された。ここで削減対象とされたのが、二酸化炭素(CO_2)、メタン(CH_4)、一酸化二窒素(N_2O)、ハイドロフルオロカーボン類(HFCs)、パーフルオロカーボン類(PFCs)、六フッ化硫黄(SF_6)の 6 種類である。また京都議定書では、削減目標を達成するため、「京都メカニズム」と呼ばれる仕組みの導入も明記された。

　これまで環境問題への主な対策としては規制的手法が採用され、これは今日でも変わっていない。例えば、工場の煙突や自動車からの排ガスは、規制値を遵守しないと罰則を受ける。京都議定書においても、先進国に対する GHG 排出削減目標が同様に設定されたが、これに加えて、京都メカニズムという経済的手法を採用したことで、これまでの環境ビジネスとは様相が変わることとなった。

　京都メカニズムには排出削減活動の実施や支援、取引内容の異なる 3 つのスキーム(クリーン開発メカニズム[1]：CDM、共同実施：JI、排出量取引)がある(図表 3.1)。

　規制的手法と経済的手法がともに採用された背景として、地球温暖化対策が内包する、南北間格差という課題がある。地球温暖化は地球規模での問題であり、対策も地球規模での取組みが求められるが、GHG(特に化石燃料を燃やすことで排出される CO_2)の排出は経済発展と直結している。途上国は、現在の地球温暖化の原因となっている大気中の CO_2 濃度の上昇は、先進国の経済発展にともなってもたらされたものであると主張する。それは確かな事実であ

---

[1] クリーン開発メカニズム(Clean Development Mechanism:CDM)は、京都議定書第 12 条により規定されている、GHG 排出量の上限が設定されていないホスト国(非附属書 I 国)において、排出削減または吸収プロジェクトを実施する活動。プロジェクトの結果生じた排出削減量(または吸収量)が認証排出削減量(クレジット[Certificate Emission Reduction：CER])として発行される。

クリーン開発メカニズム(CDM)	共同実施 (JI)	排出量取引 (ET)
先進国と途上国が共同で温室効果ガス削減プロジェクトを実施し、削減分を数値目標の達成に利用できる制度。	先進国同士が共同で温室効果ガス削減プロジェクトを実施し、削減分を数値目標の達成に利用できる制度。	各国の目標達成のために、先進国同士が排出量を売買する制度。

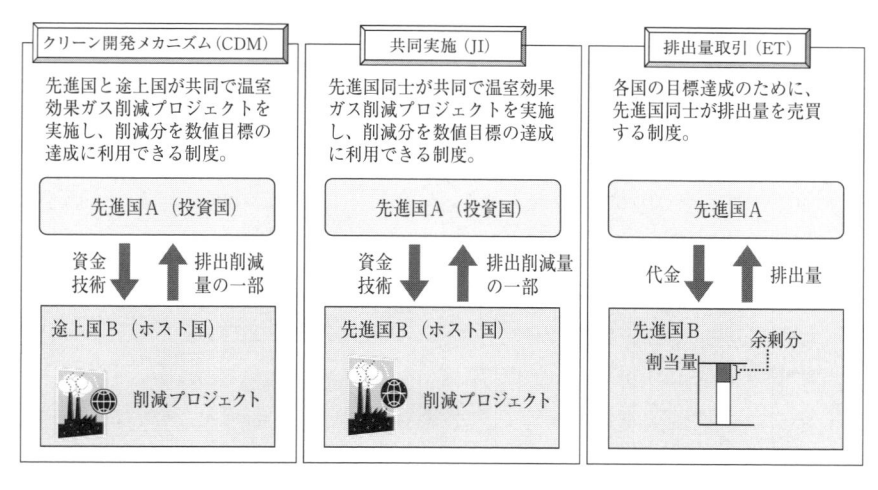

(出典) 京都議定書にもとづき MURC 作成

図表 3.1　京都メカニズムの概要

り、これから経済発展を求める途上国にも規制的手法を用いることは難しい。そこで採用されたのが、途上国でも GHG 排出削減によるメリットを享受できる経済的手法である。地球温暖化対策に市場メカニズムを導入することで、CO_2 排出量に「値段」がつき取引されることとなったのである。

3.1.2　温室効果ガス排出権取引ビジネス発展の経緯

京都議定書は 1997 年に合意されたが、2005 年 2 月 16 日にようやく発効された[2]。これによって我が国は京都議定書の第一約束期間 (2008 ～ 2012 年) に、GHG 排出量を 1990 年比で －6% 削減することが義務化されたわけだが、国内における削減努力だけでは目標達成は難しいことが推察された。そこで注目されたのが京都メカニズムである。我が国では、京都議定書発効後の 2005 年 4 月 28 日に、－6% という削減目標を達成するための「京都議定書目標達成計画」が閣議決定されたが、その中でも 1.6% 相当分の年間約 2,000 万トンの CO_2 排出量について京都メカニズムを活用することが明記された。

---

2)　京都議定書発効当時 (2005 年) GHG 排出量世界第 1 位のアメリカ合衆国は、京都議定書を離脱し参加していない。

我が国の企業にとっては、京都メカニズム（特にCDMとJI）は2つの側面でメリットがある。1つは海外でのGHG排出削減プロジェクトに、自社の保有する製品や技術を販売することができる。もう1つは、プロジェクトの実施によりもたらされる排出クレジットの獲得である。前者はこれまでにも存在したビジネスだが、我が国の優れた省エネ技術やGHG排出削減技術は、その値段の高さや途上国にニーズがなかったなどの理由から、海外展開が難しい領域でもあった。それが、後者のビジネスと結びつくことで、追加的な経済メリットをもたらし、結果として途上国でもニーズが生み出されてくることとなった。

　これらを背景に、2005年以降、急速に京都メカニズムに関連したビジネスが拡大した。我が国で京都メカニズム関連ビジネスを牽引したのは、主に商社、エンジニアリング会社、ゼネコン、コンサルティング会社、金融機関などであった。

3.2　温室効果ガス排出権取引関連ビジネスの現状

3.2.1　温室効果ガス排出権取引関連ビジネスの市場規模

　2004年11月に初めてのCDMプロジェクトが国連CDM理事会により登録されてから、登録プロジェクト数は年々増加し、2011年10月までに3,492件のCDM案件が登録された。これらのプロジェクトによるクレジット（Certified Emission Reduction：CER）の発行予測量は、2011年までに約17億5千万トンCO_2と予想されている。我が国の年間GHG排出量が2009年で約12億トンCO_2なので、それを大きく上回るクレジットを生み出すプロジェクトが登録されていることとなる（図表3.2）。

　CDMは先進国が途上国でGHG排出削減プロジェクトを実施するものだが、国連への登録件数を見ると、プロジェクト実施国（ホスト国）と実施プロジェクトタイプにかなり偏りが見られる。

　ホスト国でもっとも登録件数が多いのは中国の1,604件であり、これは全体登録件数の約46％を占めている。これに続く、インド（727件）、ブラジル（196件）、メキシコ（132件）を加えると76.1％となり、上位4ヵ国だけで全体の4

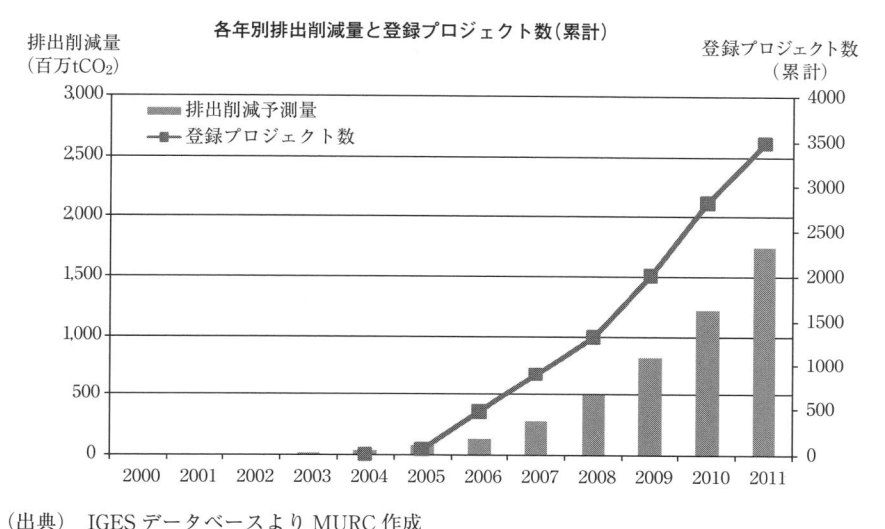

各年別排出削減量と登録プロジェクト数(累計)

(出典) IGES データベースより MURC 作成

図表 3.2 CDM プロジェクト登録件数及び GHG 排出削減量

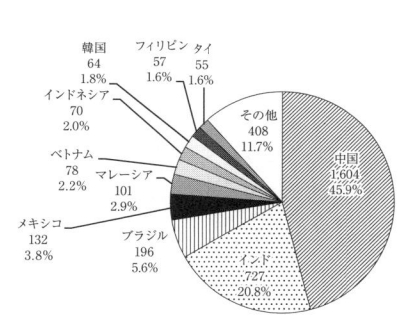

(a) ホスト国別登録件数

- 中国 1,604 45.9%
- インド 727 20.8%
- ブラジル 196 5.6%
- メキシコ 132 3.8%
- マレーシア 101 2.9%
- ベトナム 78 2.2%
- インドネシア 70 2.0%
- 韓国 64 1.8%
- フィリピン 57 1.6%
- タイ 55 1.6%
- その他 408 11.7%

(出典) IGES データベースよりMURC 作成

図表 3.3 CDM プロジェクトの内訳

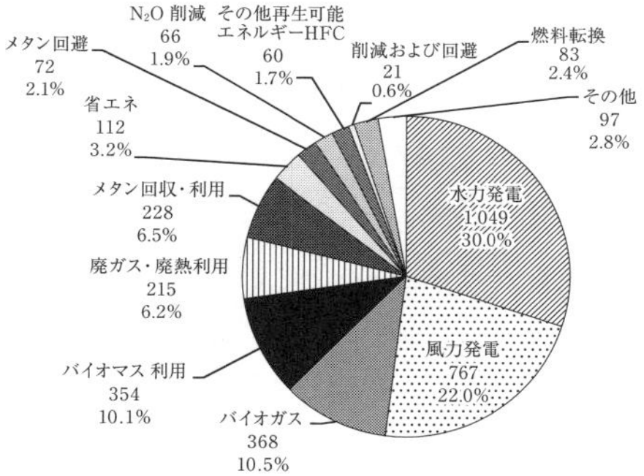

(b) プロジェクトタイプ登録件数

- 水力発電 1,049 30.0%
- 風力発電 767 22.0%
- バイオガス 368 10.5%
- バイオマス利用 354 10.1%
- メタン回収・利用 228 6.5%
- 廃ガス・廃熱利用 215 6.2%
- 省エネ 112 3.2%
- その他 97 2.8%
- 燃料転換 83 2.4%
- メタン回避 72 2.1%
- N_2O 削減 66 1.9%
- その他再生可能エネルギー-HFC 60 1.7%
- 削減および回避 21 0.6%

(出典) IGES データベースより MURC 作成

図表 3.4 CDM プロジェクトのプロジェクトタイプ別登録件数

分の3を占めることとなる(図表3.3)。これらの国々は国土も広く、近年の経済発展にともない、海外からの投資プロジェクトを多く受け入れていることが要因の1つだと考えられる。加えて、CDMプロジェクトを実施するためにはホスト国の承認を受けることが必要なため、ホスト国政府のCDMへの積極的

な姿勢もうかがえる。それに続くマレーシア、ベトナム、インドネシア、韓国、フィリピン、タイはすべてアジア諸国である。これらの国々でも同様に、CDMプロジェクト実施を政府としてバックアップする体制が整備されているのである。

プロジェクトタイプで見ると、水力発電、風力発電の2つで登録済みプロジェクトの半数以上を占めている(52%)。次いで多いのが、バイオガスとバイオマス利用のプロジェクトである。日本の技術力が活かされる排ガス・排熱利用や省エネプロジェクトは10%未満にとどまっている(図表3.4)。

登録件数で見ると確かに水力発電や風力発電は多いが、プロジェクトタイプで見たクレジット発行予定量はまた様相が変わる。クレジット発行予定量が最も多いのは登録件数ではわずか21件(0.6%)にすぎないHFC削減および回避プロジェクトで、その発行予定量は約4億トンと全体の約23%にも達する。これに対して風力発電は約1億6千5百万トン(9.4%)にとどまる。

HFC削減および回避と風力発電ではその性質が異なる点にも留意が必要である。HFC削減および回避は実施のための追加投資が必要だが、それによって何も収益を生み出さないプロジェクトである。これに対して風力発電や水力発電はまず電力を産み出し、それに追加してクレジットが産み出されることで、電力事業の事業収益性を改善するというものである。もともと再生可能エネルギーは事業収益性がそれほど高くないが、クレジットという追加収益源を得ることで、プロジェクト実施が促進されたという側面を持つ。

3.2.2　温室効果ガス排出権取引関連ビジネスのプレーヤー

排出権を生み出すためには、まずGHG排出量を削減するプロジェクトが必要である。そこでは、GHG排出量削減技術や設備への投資が生まれる。また、京都クレジットを生み出すためには、国連への登録が必要であり、そこに審査機関やコンサルティングの需要が生み出されている。このように、排出権取引をめぐってはさまざまな業種の企業が携わっている(図表3.5)。

図表 3.5　京都メカニズム関連ビジネスの主要プレーヤー

業種	ビジネスモデル	国内企業例
商社	◇開発、投資、CDM化、クレジット獲得と販売まで、プロジェクト組成から事業を展開	三菱商事、三井物産、住友商事、丸紅
エンジニアリング	◇国内で培った主に自社の技術、ノウハウと製品で、海外における排出削減事業を展開し、排出削減クレジットを獲得	日揮
ゼネコン	◇国内で培った主に自社の技術、ノウハウと製品で、海外における排出削減事業を展開し、排出削減クレジットを獲得	清水建設
コンサルティング	◇主にCDMプロジェクトを国連に登録する際にコンサルティングしフィーを獲得	三菱UFJリサーチ＆コンサルティングなど
金融機関	◇株式同様にクライアントのクレジットの売買注文を市場に取り次ぐ委託売買（ブローカレッジ）業務により、手数料収入を獲得 ◇一部の金融機関はプロジェクトにも出資・参画してクレジットを調達	日本カーボンファイナンス、三菱UFJモルガン・スタンレー証券、三井住友銀行

(出典)　MURC 作成

3.2.3　排出権取引制度

(1)　欧州域内排出量取引制度（EU-ETS）

　以下では、世界および国内で制度化が進む排出権（排出量）取引制度について解説する。

　京都議定書が発効される前月の 2005 年 1 月、欧州において当時の加盟国 25 ヵ国（2011 年現在は 27 ヵ国）を対象とした排出量取引制度（The European Union Greenhouse Gas Emission Trading Scheme：EU-ETS）がスタートした。

　エネルギーの多消費施設に排出枠（二酸化炭素の排出制限量）を設定し、実際の排出量が排出枠より少ない場合は余剰分を売却できる。反対に超過した場合には、超過分に対して罰金を支払うか、相当量を外部から調達する必要がある。このような売り買いを円滑に進めるため、排出量の取引市場が整備されたのである。

　EU-ETS はすでに第二期（2008 ～ 2012 年）に入っており、京都議定書第一約

図表 3.6　欧州域内排出量取引制度（EU-ETS）第三期の姿

削減目標	2005 年時点の排出量を基準として、2020 年に 21% 削減
対象	【業種】エネルギー転換部門、製油、主要製造業、航空部門に、石油化学、アルミニウム、アンモニアの生産等に加え CO_2 回収・貯留（CCS）も追加 【ガス】CO_2、N_2O、PFC 【裾切り】事業所の排出量が 25,000 トン CO_2/ 年未満かつ熱投入量が 35MW の事業所は除外オプションあり
排出量割当方法	【産業部門】 2013 年に 80% の無償割当（20% はオークション）、2020 年までに無償割当を 30% に削減、2027 年には無償割当終了 【電力部門】 2013 年より原則 100% オークション ただし、系統電源への接続状況や単一の化石燃料による発電割合が高く、1 人あたり GDP が低い加盟国では 2013 年に 70% 無償割当、2020 年に終了

（出典）　欧州委員会のウェブサイトより MURC 作成

束期間終了後の第三期（2013 ～ 2020 年）についてもすでに継続が決まっている。第一期、第二期で生じたさまざまな課題（排出枠の課題な初期配分、電力会社の棚ぼた利益、排出枠価格の乱高下など）を解決するような形で第三期の制度設計が進められており、排出権市場としては世界をリードしている（図表 3.6）。

(2)　我が国における排出量取引の国内統合市場の試行的実施

　我が国では、2008 年（平成 20 年）10 月 21 日から政府主導で「排出量取引の国内統合市場の試行的実施」（試行実施）が開始された。

　試行実施スキームの 2 本柱が「試行排出量取引スキーム」と「国内クレジット」である。試行排出量取引スキームは、経団連の自主行動計画に参加している大企業が中心に、自主行動計画で設定している排出削減目標と整合する形で自社の CO_2 排出削減目標を設定する。企業は、よりエネルギー消費効率の高い設備を導入するなどして、削減目標の達成を目指す。削減目標を超過達成した企業は超過削減分を排出枠として他社に売ることができる。逆に削減目標を

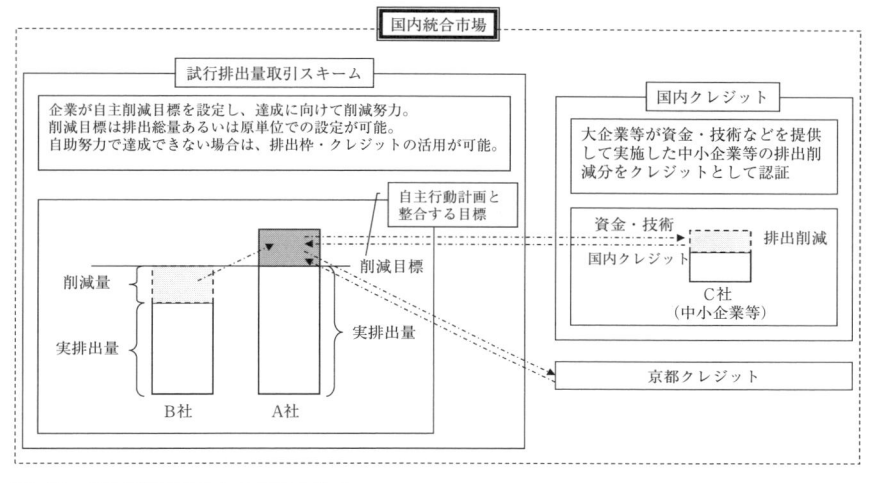

(出典) 環境省資料より MURC 作成

図表 3.7 日本の「排出権取引の国内統合市場の試行的実施」(試行実施)の概要

　達成できない企業は、他社からの排出枠、あるいは国内クレジット、京都クレジットなどを調達して目標を達成することとなる(図表 3.7)。

　国内クレジット制度は、前述の CDM の国内版である。大企業が資金や技術を提供して中小企業で GHG 排出削減(主に省エネ)を実施する。そこで達成された排出削減分を国内クレジットとして、大企業に売却することが可能となる。大企業にとっては、自らで削減努力を行うよりも安いコストで、排出削減を実施できるというメリットがある。しかしながら、中小企業の排出量はもともと少ないため、そこで省エネを実施しても非常に少ないクレジットしか生み出さないという課題もある。

　国内クレジットはプロジェクトの認証件数が 2011 年 10 月 3 日時点で 482 件、累積の国内クレジット量が 273,864 トン CO_2 となっている。認証されたプロジェクトの内訳を削減技術で見ると、ボイラーの更新が 269 件と圧倒的に多く、次いで空調設備の更新 89 件、照明設備の更新 72 件、ヒートポンプの導入による熱源設備の更新 35 件となっており、一部の技術に偏っていることがわかる。

　必ずしもこれらの設備がすべて国内クレジットをきっかけとして導入されたとは言い難いが、このような省エネ設備を取り扱う事業者にとって、排出量取

引市場の創設は確かに、販売を拡大する機会を生み出していると言えよう。

(3) 東京都の排出量取引制度

2010年(平成22年)4月1日、国内初の「大規模事業所への温室効果ガス排出総量削減義務と排出量取引制度」(キャップ&トレード)が東京都でスタートした。これは我が国で最初の排出総量削減義務(キャップ)に基づく排出量取引制度(トレード)である。

本制度で排出規制の対象となるのはオフィスビルが多く、基準年(2002年度から2007年度までのいずれか連続する3年間の平均)に対して第一計画期間の5年間で、GHG排出量を総量で8%削減する義務が課された。削減目標が達成できない場合は義務不足量×1.3倍の削減を求められる措置命令が発せられ、それを期限内で実行できない場合、罰金を課せられ、違反事実も公表される。

キャップが課せられた事業者は、自らの削減努力はもちろんのこと、他社の超過削減量や都内中小クレジット、再エネクレジットなどの手段を活用によって目標達成を目指すこととなる。

なお、埼玉県でも2011年4月から同様の制度がスタートし、他県でも導入が検討されている。政府も国内排出量の統合市場の本格導入に向けた検討を進めてはいるものの、まだ明確な方針は示されておらず、我が国では自治体が先行して排出量取引制度の本格導入を進めている状況である。

3.3 温室効果ガス排出権取引関連ビジネスのゆくえ

排出権市場はまさに過渡期にある。これまで市場を牽引してきた京都メカニズム(特にCDM)の2013年以降の延長は、まだ国際的に合意されたわけではない。仮に延長が合意されたとしても、日本政府がこれまでと同様なGHG削減目標を持った形で参加する可能性は非常に低い。

3.3.1 京都メカニズムのゆくえ

前述のとおり活用が進んできた京都メカニズムであるが、もちろん課題もある。以下では、プロジェクトを実施しようとする事業者が直面している主な事

業リスクについて解説する。

(1) 制度リスク

まず現実的な課題として、CDM プロジェクトの審査が厳しくなり、審査にかなりの時間を要する、最終的には案件が却下されるという事態が発生している。経済価値を有するクレジットを新たに生み出すものなので、審査内容に厳正さを求めることは当然ではある。しかしながら、審査に時間を要している間に、国連 CDM 理事会によってさらに厳格な方向へルールが改訂され、そのたびにプロジェクト事業者が対応を迫られるという悪循環が発生している。プロジェクトはクレジット収入も見込んで投資判断されるのが普通だが、国連への登録にこれだけ不確実性が生じると、ただでさえ収益性の高くない CDM プロジェクトを実行しようとする意欲を削ぐこととなる。

京都議定書の第一約束期間は 2005 ～ 2012 年である。しかし、本書出版時では、まだ第二約束期間(2013 年以降)への延長が決まっていない。特に第一約束期間と同様の形での延長に対しては、日本政府が反対の姿勢を貫いている。日本政府は、すでに世界最大の GHG 排出国である中国に削減義務がなく、排出量第 2 位のアメリカも不参加となっている京都議定書の有効性について疑問視している。

さらに大きな問題は、制度継続に関する不確実性である。2011 年 12 月

図表 3.8　ポスト京都議定書のシナリオ

	内容	ビジネスへの影響
シナリオ 1	京都議定書が延長されず新たな枠組の合意にもいたらず、国際的枠組の空白期間ができる。	地球温暖化対策は後退し、何らかの枠組が合意されるまでビジネスの機会も失われる。
シナリオ 2	京都議定書が延長されるが日本は参加しない。	京都メカニズムの利用は可能だが国内の非排出権ニーズは小さくなる。
シナリオ 3	京都議定書延長の有無にかかわらず新たな枠組も合意される。	新たな枠組(例えば、二国間オフセット・クレジット)の元で、新たなビジネス機会が生じる。

(出典)　MURC 作成

に南アフリカのダーバンで開催される気候変動枠組条約第16回締約国会議（COP17）において、2013年以降（いわゆるポスト京都議定書）の国際的な枠組への合意に向けた動きが活発化しているものの、依然として複数のシナリオが考えられる（図表3.8）。したがって、CDMプロジェクトを実施しようとする事業者は、各シナリオの実現確率や収益性への影響などを勘案しながら、プロジェクトの計画を検討しなければならない。

(2) プロジェクトリスク

　無事にCDMプロジェクトとして登録されたとしても、クレジットの発行までには、プロジェクトの実行、モニタリングの実施、審査機関によるベリフィケーション（検証）とサーティフィケーション（認証）、国連CDM理事会によるクレジットの発行という手続きを経なければならない。

　CDMプロジェクトは先進国の支援によって途上国でGHG削減プロジェクトを実施するものである。プロジェクトの遂行はもちろんのこと、プロジェクト開始後のエネルギー消費量などのモニタリングは、ホスト国の事業者によって実施されることが多い。現地の事業者がプロジェクトの途中で、自らの意志で設備を変更したり、自家消費するはずだった電力を売電したり、あるいはモニタリング機器が故障しているにも関わらず放置しておいたりすることによって、当初予定していたはずのクレジット発行量が減少あるいはまったく発行されなくなる、という事態も実際に発生している。

　先進国のプロジェクト実施者は、このような事態も想定しながら、リスクを最小限にするための管理も求められるのである。

3.3.2　日本における排出権関連ビジネスのゆくえ

　欧州ではEU-ETSという確立された市場が形成されているが、我が国の企業にとって大きなビジネスチャンスが目の前に広がっているわけではない。

　日本国内を見ても、東京都や埼玉県など自治体レベルでの排出量取引制度は導入されたものの、国レベルでの排出量取引制度は施行段階から先の見通しが立っていない。排出権関連ビジネスにかかわる事業者は、晴れない霧のなかでビジネスの方向性を模索しているのが実態である。

しかしながら、地球規模の温暖化という課題に直面するなか、排出権市場は温暖化対策の1つの手段として欠かせないものになると見られている。大手商社や金融機関、プラントメーカー、コンサルタント、省エネサービス事業者、省エネ設備メーカー、電力会社、鉄鋼メーカーなど、立場は異なるもののさまざまな業種業態、規模の異なる企業が、排出権関連ビジネスにいかに携わっていくかを検討している。

　京都議定書第一約束期間の終了を間近に控えたいま、市場関係者の関心は京都議定書の延長にあるが、その一方で、日本政府が検討を進めている2013年以降の新メカニズムも注目を集めつつある。

　「二国間オフセット・クレジット制度[3]」と呼ばれる、市場メカニズムを活用した地球温暖化対策の新たな取組みである。これは、"日本と途上国との間において、GHG排出削減に資する日本の優れた技術や製品、システム、インフラ等を日本から途上国に提供し、共同でプロジェクトを行うことで削減されたGHG排出量を日本の中期目標等の達成に活用する仕組み"である。制度の詳細については、2011年11月現在、環境省や経済産業省、外務省によって検討が進められているが、すでに環境省や経済産業省ではFS（Feasibility Stuby：事業化可能性調査）事業も開始している。

　京都メカニズムや二国間オフセット・クレジット制度の市場が拡大すれば、日本企業が持つ優れた省エネ技術や、太陽光などの再生可能エネルギー技術、高効率な発電技術、スマートシティに関連したビジネスなどの海外への展開が加速するきっかけとなり得る。また、国内の排出量取引制度が進めば、優れた省エネ技術を保有する企業の前に市場が開けてくる可能性が高い。

　たしかに排出権関連市場に不確定要素はあるものの、いずれ顕在化し拡大してくる市場を想定し準備を怠らないことが、排出権関連ビジネスにかかわるプ

3）　二国間オフセット・クレジット制度は、日本政府が提案している制度であり、日本と途上国との間において、GHG排出削減に資する日本の優れた技術や製品、システム、インフラ等を日本から途上国に提供し、共同でプロジェクトを行うことで削減されたGHG排出量を日本の中期目標等の達成に活用する仕組みである。途上国との協議、具体的な案件の発掘・実現可能性調査、キャパシティ・ビルディング等を通じて二国間オフセット・クレジット制度に対する理解を深め、理解が深まった途上国との間において二国間での合意による制度の実現を目指している。

レーヤーに今求められている。

第3章の参考文献

［1］　IPPC，文部科学省，気象庁，環境省，経済産業省訳：「IPCC 第4次評価報告書統合報告書政策決定者向け要約」，環境省 HP，2007 年．

［2］　MOEJ：『新メカニズム情報プラットフォーム』，2011 年 12 月アクセス．
http://www.mmechanisms.org/initiatives/index.html

第4章 省エネ関連ビジネス

4.1 省エネ関連ビジネスの背景

4.1.1 省エネ関連ビジネスとは

　経済活動や国民の生活は、石油や石炭、電力などのエネルギーを消費することで成り立っている。エネルギーの消費量を抑えることはコスト削減にもつながる。限られた資源であるエネルギーの消費を抑え、コスト削減を達成するのが、省エネ関連ビジネスである。

4.1.2 省エネ関連ビジネス発展の背景

　日本国内で省エネビジネスが発展するようになったきっかけとして、エネルギーの使用の合理化に関する法律（省エネ法）の制定やエネルギー基本計画と省エネルギー技術戦略の策定といった法規制があげられる。

　1970年代の2度のオイルショックは日本経済に大きな影響を与えた。1970年の我が国の石油依存度[1]はおよそ79%と他の先進国に比べても非常に高く、オイルショックはエネルギー不足とエネルギーコストの急増をもたらした。このような危機的状況に対して、日本政府は「石油緊急対策要綱」を閣議決定し、対策の柱として国家をあげた省エネを掲げた。1979年6月には「エネルギーの使用の合理化に関する法律（省エネ法）」が制定され、我が国における省

---

1) 石炭や石油、天然ガス、水力などの一次エネルギーにおいて石油が占める割合。

エネ技術開発が本格的に始動したのである。

エネルギー問題すなわちエネルギー安全保障は、資源に限りのある我が国にとって重要な課題である。2002年6月には我が国のエネルギー政策の基本方針を定めた「エネルギー政策基本法」が制定され、それにもとづき「エネルギー基本計画」[2]が2003年10月に制定された。エネルギー政策の基本的視点は、"エネルギーの安全供給の確保""環境への適合""市場機能を活用した経済効率性"であるが、エネルギー基本計画の第2次改訂版では、「エネルギーを基軸とした経済成長の実現」が盛り込まれた。

2010年6月に閣議決定された「新成長戦略」でも、環境・エネルギー産業が牽引する経済成長（グリーン・イノベーション）が目指されているように、省エネルギーはエネルギー危機に対するリスクマネジメントとしての領域から、日本企業が世界市場で優位性を確保し成長していくためのビジネス領域へと変わってきたのである。

(1) エネルギーの使用の合理化に関する法律（省エネ法）の制定

1979年に制定されて以降、1980年代は省エネ法に大きな変更は見られなかった。1990年代に入り、地球温暖化対応すなわち温室効果ガス削減要請への対応要請が強まったことにより、省エネ法も何度か改正された。

1997年に京都で開催された気候変動枠組条約第3回締約国会議（COP3）で「京都議定書」が合意され、そこで法的拘束力のあるGHG削減目標（2008～2012年の5年間で、1990年に比べて－6%）が設定されたことを受け、省エネ法も1998年に改定された。さらに、2004年から2008年頃に発生した原油価格の高騰、2005年の京都議定書発効とそれに続く京都議定書目標達成計画の閣議決定なども続き、これらを反映するかのように省エネ法は改正され、対象や規制内容が強化されることとなった（図表4.1）。

最近では、パソコンや携帯電話の普及、テレビや空調も家庭に複数台が設置されるようになり、特に業務部門と家庭部門におけるエネルギー消費量が大幅に増加している。これらのエネルギー消費量の使用の合理化をよりいっそう

---

[2] 2010年6月に改訂された第2次改訂版が最新。

figure 4.1 省エネ法改正の歴史

改正年	主な改正のポイント
1993年	省エネルギーに関する基本方針の策定や、エネルギー管理指定工場にかかわる定期報告の義務付け等が追加された。
1998年 (1999年4月施行)	自動車の燃費基準や電気機器等の省エネルギー基準へのトップランナー基準の導入、大規模エネルギー消費工場への中長期の省エネルギー計画の作成・提出の義務付け、エネルギー管理員の選任等による中規模工場対策の導入。
2002年 (2003年4月施行)	エネルギー消費の伸びが著しい民生・業務部門における省エネルギー対策の強化等を目的として、大規模オフィスビル等への大規模工場に準ずるエネルギー管理の義務付け、2,000m^2以上の住宅以外の建築物への省エネルギー措置の届出の義務付け。
2005年 (2006年4月施行)	特にエネルギー消費量の伸び率が高い運輸部門と民生部門について、新たな措置の創設など規制を強化。工場についても熱・電気の一体管理により、対象工場・事業所を拡大。
2008年 (2010年4月完全施行)	エネルギー消費量が大幅に増加している業務部門と家庭部門におけるエネルギーの使用の合理化をより一層推進することを目的とし、これまでの工場・事業場単位のエネルギー管理から、事業者単位注(企業単位)でのエネルギー管理に規制体系が改正。この改正で、チェーン展開する流通業界や外食業界などが新たに規制対象となる。

(出典) 資源エネルギー庁のウェブサイトよりMURC作成

促進することを目的として、2008年に省エネ法は改正された(完全施行は2010年4月)。

現在の省エネ法では、対象となる事業者(特定事業者、特定連鎖化事業者)[3]は図表4.2に示される義務を負っている。なお、年間のエネルギー使用量が1,500kl/年(原油換算値)に満たない事業者についても、管理標準の設定、省エネ措置の実施と、年平均1%以上のエネルギー消費原単位の低減努力が求められている(図表4.3)。

---

3) 事業者全体(本社、工場、支店、営業所、店舗等)の1年度間のエネルギー使用量が1,500kl(原油換算値)以上の場合、特定事業者あるいは特定連鎖化事業者の指定を受ける。

図表 4.2　特定事業者、特定連鎖事業者としての義務

選任すべき者	エネルギー管理統括者・エネルギー管理企画推進者
遵守すべき事項	判断基準の遵守(管理標準の設定、省エネ措置の実施等)
事業者の目標	中長期的にみて年平均1%以上のエネルギー消費原単位の低減

(出典)　省エネルギーセンター:『改正省エネ法の概要2010』

業務部門等に係る省エネルギー対策の強化	住宅・建築物に係る省エネルギー対策の強化
【改正前】 ■一定規模以上の大規模な工場・事業場に対し、工場・事業場単位のエネルギー管理義務 ■1年間のエネルギー使用量(原油換算値)が合計して1,500キロリットル以上が対象	【改正後】 ■大規模な住宅・建築物(2000m^{2}以上)の建築をしようとする者等に対し、省エネルギーの取組みに関する届出を提出する義務等
【改正後】 ■事業者単位(企業単位)でのエネルギー管理義務 ■フランチャイズチェーンについても、一事業者として捉え、事業者単位の規制と同様の規制を導入 ■加盟店を含む事業全体の1年度間のエネルギー使用量(原油換算値)が合計して1,500キロリットル以上	【改正後】 ■一定の中小規模(300m^{2}以上)の住宅・建築物も届出義務等の対象に追加 ■住宅を建築し販売する事業者に対し、住宅の省エネ性能向上を促す措置を導入 ■住宅・建築物の省エネルギー性能の表示等を推進

(出典)　省エネルギーセンターのウェブサイトよりMURC作成

図表 4.3　2008年改正省エネ法の改正のポイント

(2)　エネルギー基本計画と省エネルギー技術戦略の策定

　エネルギー基本計画においては、エネルギー政策の中長期的な目標が示されており、そこで省エネルギーに関連する目標も記載されている。特に家庭部門におけるエネルギー起源CO_2排出量の削減(これには再生可能エネルギーの導入拡大も含まれる)と、産業部門における「世界最高のエネルギー利用効率」並びにそれを活用した「国際市場における競争力確保」が明記されている点は着目に値する(図表4.4)。

　「省エネルギー技術戦略」は、我が国における革新的な省エネルギー技術の開発を推進するため2007年に策定され、その後の環境変化に応じて2011年に

図表 4.4　2030 年に向けた目標（エネルギー基本計画）

① 資源小国である我が国の実情を踏まえつつ、エネルギー安全保障を抜本的に強化するため、エネルギー自給率（現状 18％）および化石燃料の自主開発比率（現状約 26％）をそれぞれ倍増させる。これらにより、自主エネルギー比率を約 70％（現状約 38％）とする。
② 電源構成に占めるゼロ・エミッション電源（原子力および再生可能エネルギー由来）の比率を約 70％（2020 年には約 50％以上）とする。（現状 34％）
③ 「暮らし」（家庭部門）のエネルギー消費から発生する CO_2 を半減させる。
④ 産業部門では、世界最高のエネルギー利用効率の維持・強化を図る。
⑤ 我が国に優位性があり、かつ、今後も市場拡大が見込まれるエネルギー関連の製品・システムの国際市場において、我が国企業群が最高水準のシェアを維持・獲得する。

（出典）「エネルギー基本計画」、資源エネルギー庁、平成 22 年 6 月

改訂版が示された。改訂版では、我が国でエネルギー需要が大きいあるいは伸びている産業部門、家庭・業務部門、運輸部門において、重点的に取り組むべき重要技術が選定され、現状の研究課題や技術開発の進め方などが示された。

　これらの重要技術については、我が国政府が戦略的にその開発を後押しするものであり、さまざまな公的支援も検討・実施されている（図表 4.5）。研究開発から製品化・事業化にいたるまでにはコスト、スピード、企業連係、貿易障壁、などさまざまなハードルが待ち構えているため、それらをできるだけ速やかにクリアするためにも、公的支援をいかにうまく活用するかが重要となる。

4.1.3　省エネ促進の契機となったその他の法規制等

　地球温暖化対策が世界的に進むなか、温室効果ガス削減という視点からエネルギー消費に対するさまざまな法規制や自主規制が制定され、結果として省エネ関連ビジネス市場の形成と拡大に影響を与えてきた。詳細は本書の第 3 章に記載されているので、ここでは概要のみ整理した（図表 4.6）。

図表 4.5　省エネルギー技術戦略 2011 における重要技術一覧

部門	重要技術		主要関連技術
産業	エクセルギー損失最小技術（エネルギーから取り出すことのできる有効仕事量）	省エネ型製造プロセス	石油化学プロセス、化学品製造プロセス、セメント製造プロセス、ガラス製造プロセス、コプロダクション
		革新的製鉄プロセス	革新的製鉄プロセス、環境調和型製鉄プロセス（未利用排熱活用高炉ガス CO_2 分離回収技術など）
		産業用ヒートポンプ	産業用ヒートポンプ、蓄熱システム
		高効率火力発電	高温ガスタービン、AHAT、燃料電池/ガスタービン複合発電、A-USC、IGCC、IGFC
	省エネ促進システム化技術	産業間エネルギーネットワーク	コプロダクション、産業間エネルギー連携、コンビナート高度統合化技術、熱輸送システム、蓄熱システム
		レーザー加工プロセス	レーザー加工プロセス
	省エネプロダクト加速化技術		セラミックス製造技術、炭素繊維・複合材料製造技術
家庭・業務	ZEB・ZEH（ネット・ゼロ・エネルギー・ビル/ハウス）	高断熱・高気密技術、パッシブ技術	高断熱・高気密、パッシブ住宅/ビル
		高効率空調技術	家庭・ビル等空調用ヒートポンプ、高効率吸収式冷温水機
		高効率照明技術	高効率照明、次世代照明
		高効率給湯技術	給湯用ヒートポンプ、高効率給湯器
		エネルギーマネジメントシステム	BEMS、HEMS
	省エネ型情報機器・システム	省エネ型情報機器	データセンター、クラウドコンピュータ
		省エネ型次世代ネットワーク通信	ルーター等通信機器、光スイッチ
		待機時消費電力削減技術	省電力電源モジュール、デジタル制御電源技術
		高効率ディスプレイ	省エネ LCD・PDP、有機 EL
	快適・省エネヒューマンファクター		快適照明技術、体感温度センサー
	定置用燃料電池		固体酸化物形燃料電池(SOFC)、固体高分子形燃料電池(PEFC)
運輸	次世代自動車		電気自動車、プラグインハイブリッド自動車、燃料電池自動車
	ITS		省エネ走行支援技術、TDM（交通需要マネジメント技術）、交通制御・管理技術、交通情報提供・管理情報技術、交通流緩和技術
	インテリジェント物流システム		荷物情報と輸送機関等の情報のマッチング技術、荷物のトレーサビリティ技術、環境パフォーマンス測定技術
部門横断	次世代型ヒートポンプシステム		家庭・業務用建物・工場空調用ヒートポンプ（HP）、給湯用 HP、産業用 HP、冷凍冷蔵庫等用 HP、カーエアコン用 HP、システム化、冷媒関連技術
	パワーエレクトロニクス		ワイドギャップ半導体、高効率インバータ
	熱・電力の次世代ネットワーク		次世代エネルギーマネジメントシステム、次世代送配電ネットワーク、次世代地域熱ネットワーク、コージェネ、産業用燃料電池（SOFC）、熱輸送システム、蓄熱システム

（出典）　経済産業省資源エネルギー庁：「省エネルギー技術戦略 2011」（平成 23 年 3 月）より抜粋し MURC 作成

図表 4.6　省エネ関連ビジネスに影響を与えた法規制等の概要

法規制・自主規制等	概要
経団連環境自主行動計画	『自主規制だが拘束力は高い』 経団連に参加している業種・団体が、他からの強制を受けることなく自ら CO_2 排出削減目標を設定し、その目標達成に向けて自助努力を行うもの。数値目標とそのフォロー結果は毎年公表されており、「自主」ではあるが大企業にとってはかなり拘束力の高いものとなっている。1996年スタート。
大規模事業所への温室効果ガス排出総量削減義務と排出量取引制度（東京都）	『国内初の排出量規制』 我が国で最初の排出総量削減義務にもとづく排出量取引制度（キャップ＆トレード）。対象となる事業所は、基準年に対して第一計画期間の5年間（2010年～2014年）で、GHG排出量を総量で8%削減する義務が課され、達成できない場合は罰金等が課せられる。2010年スタート。
排出量取引の国内統合市場の試行的実施（試行実施）	『国レベルでの排出量取引制度実証実験』 2本柱が「試行排出量取引スキーム」と「国内クレジット」。試行排出量取引スキームは、経団連の自主行動計画に参加している大企業が中心に、自主行動計画で設定している排出削減目標と整合する形で自社の CO_2 排出削減目標を設定する。削減目標を超過達成した企業は超過削減分を排出枠として他社に売ることができる。逆に削減目標を達成できない企業は、他社からの排出枠、あるいは国内クレジット、京都クレジットなどを調達して目標を達成する。
国内クレジット制度	『市場メカニズムを利用した省エネ促進』 大企業が資金や技術を提供して中小企業でGHG排出削減（主に省エネ）を実施する。そこで達成された排出削減分を国内クレジットとして、大企業に売却することが可能となる。

（出典）　各制度資料をもとに MURC 作成

4.2　省エネ関連ビジネスの現状

4.2.1　省エネ関連ビジネスの動向

　オイルショック以降、メーカーを中心とした我が国の企業は、自らコントロールができないエネルギー供給量と価格による影響を最小限とするため、省エネを進めてきた。結果的にそれがコストダウンや効率性向上にもつながり、品質と合わせ日本製品の国際競争力を高める源泉ともなったのである。

　メーカーは日々の努力を重ね、ハード（機械設備）とソフト（運用）の両分野で世界最高水準の省エネ技術を有するようになった。ただし、これらの技術はあくまでも自社あるいはグループ企業、関連企業等で利用されるものであり、国内他企業はもちろんのこと海外の企業にも展開されることは少なかったが、最近ではその様相が変化してきた。

　まず、欧米の先進国は、自国の経済成長を促進する1つの重要な領域として「環境・エネルギー技術」を位置づけている。省エネ技術を見ても、もともとは我が国企業の持つ技術は世界トップクラスであり、確かに現在でもそれを維持してはいる。しかしながら低炭素社会に向けた世界的潮流のなか、欧米の各国においてもエネルギー効率（GDPあたりのエネルギー消費量）は改善され、我が国との技術ギャップは縮まってきている。なかには欧米の方が技術的に勝っている領域もある。

　特に欧州は環境問題への対応で世界におけるリーダーシップの確立を目指しており、官民をあげた積極的な取組みが進められてきた。また欧州では、エネルギー効率を高めるだけでなく「低炭素技術」（例えば、再生可能エネルギーや炭素貯留技術）の確立と普及も進められている。そして新たな市場である開発途上国に対して、環境・エネルギー関連技術や製品を積極的に輸出しているのである。

　優れた環境・エネルギー技術は、国際的な競争力確保の手段であるとともに、経済のグローバル化が進むなか、他企業とのアライアンスツール、あるいは新たなマーケットへの参入ツールとしても活用が可能なのである。

4.2.2　優れた省エネ技術による海外展開の事例

　我が国の鉄鋼メーカーは、その生産技術で品質面や環境面でも世界をリードしてきた。前述の「省エネルギー技術戦略2011」においても、「革新的製銑プロセス」「環境調和型製鉄プロセス（未利用排熱活用高炉ガスCO_2分離回収技術等）」が我が国の重要技術として選定されている。

　しかしながら、世界的にみると中国の粗鋼生産量が急増し、すでに世界第一位の生産量を誇っている。さらに、インドや韓国に加えて、ブラジルや台湾、メキシコなどでも生産量は伸びてきており、経済発展著しい、すなわち鉄鋼消費量の多い新興国の現地あるいはその近隣に生産能力が増強されていることを意味する。

　これに対して、我が国の鉄鋼メーカーも、グローバル展開が成長の一翼を担うものであるという戦略を持っている。

　例えば、新日本製鐵の成長戦略においては、「高級鋼主体の総合力No.1の鉄鋼会社へ」が上位[4]にあり、それを達成するための手段の1つとして「グローバルプレイヤーとして、海外成長市場での中核的地位の確立」があげられている。

　このようなグローバル展開を支えているのが、新日本製鐵が有する高級鋼の生産技術（品質）であることに疑いの余地はないが、加えて優れた省エネ技術もコスト削減につながることで一役買っていると考えられる。

　2011年11月28日に、インドのジャルカンド州ジャムシェドプールにあるタタ製鉄所内で「コークス乾式消火設備（CDQ）モデル事業」の設備が完成し、竣工式が行われた。本モデル事業は、新日本製鐵のグループ企業である新日鉄エンジニアリングが、独立行政法人新エネルギー・産業技術総合開発機構（NEDO）、インド鉄鋼省・財務省およびタタ製鉄と共同で進めてきた事業である。このような事業の背景には、「近年のインドにおける急速な経済発展にともないエネルギー需要が急増している中、エネルギー・環境問題への対応策として先進国で実用化されている省エネルギー技術導入への関心が高まって」い

---

[4]　もう1つの上位戦略として「環境先進企業を目指した取組み」も掲げられている。

ることがあげられる。このようなプロジェクトは、日本企業の優れた省エネ技術を自らの海外展開に活用する好例と言えよう。

4.2.3　排出権などの市場メカニズムを活用する事例

　導入先が発展途上国の場合、価格が高くて非常に優れた日本製品が、それほど高くない、まあまあの機能を有する外国製品に負けてしまうことがある。初期導入コストがハードルになる場合もあれば、メンテナンス等のランニングコストや運用していくうえでの技術者の確保などがハードルとなる場合もある。

　このようなハードルを少しでも低くすることを目的として、排出権などの市場メカニズムを活用するケースも増えてきた。先進国と途上国との間での排出権創出事業ということであれば、これまでは京都メカニズムにもとづくCDMが主流であった。しかしながら、審査の厳格化にともなう審査機関の長期化や、省エネ技術が認められにくいなど、特に省エネプロジェクトについてはCDMという制度は利用しにくいものであった。また、京都議定書の第一約束期間が終了する2012年以降の国際的な枠組みが決まっていないなか、事業者にとっても長期的な計画に組み込みにくいという状況でもある。

　このような状況のもと、日本政府が提案している二国間オフセット・クレジット制度に、我が国の企業のみならず途上国からも注目が集まっている。二国間オフセット・クレジット制度とは、"日本と途上国との間において、GHG排出削減に資する日本の優れた技術や製品、システム、インフラ等を日本から途上国に提供し、共同でプロジェクトを行うことで削減されたGHG排出量を日本の中期目標等の達成に活用する仕組み"である。ここで創出される「GHG排出量」がおそらく排出権と同様に経済価値を持つことになると想定され、したがって事業を実施するうえでの追加的な経済インセンティブとなるのである（排出権や二国間オフセット・クレジットに関する詳細は第3章参照）。

　二国間オフセット・クレジットについては、経済産業省や環境省によって、プロジェクトのフィージビリティ・スタディ（FS）を支援する事業が2010年度よりスタートしている。そこで、以下のような省エネプロジェクトの推進方法について検討が進められている（図表4.7）。

　この支援事業では、FSに関する補助金のみならず、当該技術の移転を推進

図表 4.7　二国間オフセット・クレジット制度に関する環境省および経済産業省の支援事業

実施国	プロジェクト内容	実施事業者
モンゴル	地中熱ヒートポンプ等を活用した建築物省エネ推進	清水建設
中国	陝西省における制御系エネルギー管理システム（EMS）導入による工場省エネ推進	安川電機
インド	アルミ産業における高性能工業炉導入に関する新メカニズム実現可能性調査	日本工業炉協会
タイ	炭素クレジット認証付ビルエネルギー管理システム（BEMS）制度の構築を通じた省エネ推進	山武
ベトナム インドネシア 南アフリカ	高効率配電変圧器導入パイロットプロジェクト	日立金属
アジア域内	物流CO_2削減プロジェクト～ホスト国での運行管理システム構築とMRV対応型クラウドアプリ開発～	日本通運 富士通
インドネシア	セメント工場における低品位炭等高水分燃料の排熱乾燥プロジェクト	宇部興産
南アフリカ	工場向け高効率ガスタービンコージェネレーションシステム	日立製作所
インドネシア	プラント操業システムの最新化によるCO_2削減プロジェクト	横河電機

（出典）　公益財団法人地球環境センターおよび独立行政法人新エネルギー・産業技術総合開発機構のウェブサイトよりMURC作成

に関して日本と特定の発展途上国からのお墨付きを得ることができる。戦略的分野である環境・エネルギー技術をもって発展途上国へ新たに市場参入を図る際には、このような政府のサポートを活用することで、さまざまなハードルを速やかに越えることも可能である。

4.3　省エネ関連ビジネスのゆくえ

　経済や市場のグローバル化が加速するなか、先進国にとってはエマージング市場である新興国との関係構築は非常に重要である。このような関係構築に優れた省エネ技術は有効だが、「優れた環境・エネルギー技術＝日本の技術」という時代ではなくなりつつある。欧米企業も自ら有する環境・エネルギー技術

を用いて、さらには自国政府や国際的な枠組(京都メカニズムなど)も利用しながら、新興国における市場への参入を積極的に推し進めている。

我が国でも、過去には政府およびJICA(独立行政法人国際協力機構)によるODA(政府開発援助)を通じた資金・技術協力は実施されてきた。しかしながら、このような活動のみでは、我が国が誇る"世界最高水準の省エネ技術"の保有者にとって、その技術を移転するインセンティブが生まれにくかった。

いろいろな意味でグローバル化を進めなければ国際競争力が失われようとしている状況において、我が国がグリーン・イノベーションによる環境・エネルギー大国の実現を目指すには、さらに優れた技術の開発はもちろんのこと、海外へと展開手法についても革新性が求められるのである。

第4章の参考文献

[1] IEA, *ENERGY BALANCE OF OECD COUNTRIES (2009 edition)*, II-90.
[2] 新日鉄エンジニアリング株式会社ウェブサイト, 2011年12月アクセス.
 http://www.nsc-eng.co.jp/
[3] MOEJ:「二国間オフセット・クレジット制度」,『新メカニズム情報プラットフォーム』, 2011年12月アクセス.
 http://www.mmechanisms.org/initiatives/index.html

第5章 スマートグリッド関連ビジネス

5.1 スマートグリッド関連ビジネスの背景

5.1.1 スマートグリッド関連ビジネスとは

　スマートグリッドとは直訳すれば"賢い電力網"である。経済産業省「低炭素電力供給システムに関する研究会報告書」によれば、スマートグリッドは「従来からの集中型電源と送電系統との一体運用に加え、情報通信技術の活用により太陽光発電などの分散型電源や需要家の情報を統合・活用して、高効率、高品質、高信頼度の電力供給システムの実現を目指すもの」と定義されている。つまり、電力という物理量の供給を、ICTを用いて高度に制御し、効率的に利用するシステムということになる（図表5.1）。

　スマートグリッドに関連するビジネス領域は非常に広く、その定義ははっきりと定まっていない。スマートグリッドはエネルギーと情報の融合であり、広義にとらえればエネルギーと情報を取り扱う領域はすべてスマートグリッドに関連するビジネス領域と見ることができる。GTMリサーチ社は、同社の報告書「The Smart Grid in 2010：Market Segments, Applications and Industry Players」のなかで、スマートグリッド市場を"Electric Power（Energy）：電力（エネルギー）"、"Telecommunication Infrastructure：通信インフラ"、"IT（Information Technology）：情報技術"としている。

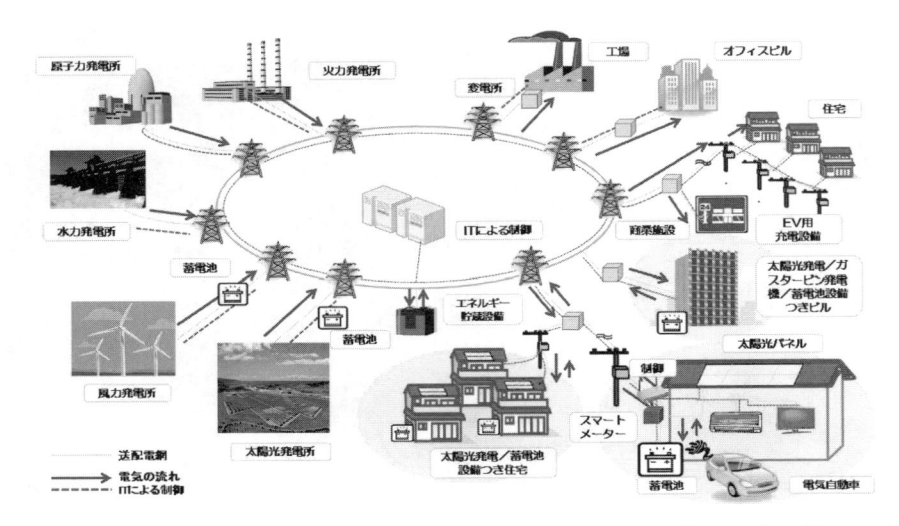

（出典）　経済産業省：「スマートコミュニティの実現に向けた政策展開」，2010 年 2 月

図表 5.1　スマートグリッドの概念図

5.1.2　スマートグリッド関連ビジネス発展の経緯

　地球環境の保全、エネルギー資源の枯渇から、エネルギーを効率的に活用するスマートグリッドの構築の必要性が世界各地で高まっている。

　図表 5.2 に日本、米国、欧州におけるスマートグリッドに関連する政策を整理した。エネルギーの分野において"スマート"という言葉が使われ始めたのは、1990 年頃の電力自由化・規制緩和の議論が始まった時期といわれているが、スマートグリッドの議論が本格的に高まってきたのは 2000 年前後からである。

　欧州では再生可能エネルギーの利用促進の観点からのスマートグリッドの導入が政策的に進められてきている。2005 年には「欧州テクノロジープラットフォーム Smart Grids」[1] が設立され、2006 年には「需要家側エネルギーサービス指令」が、2009 年には「欧州再生可能エネルギー促進指令」が施行され

1）　特定技術分野を対象とした、民間主導の研究開発組合的組織であり、その中の一分野としてスマートグリッドに関連する部門が設立されている。なお Smart Grid という言葉を最初に使用したのは欧州においてだといわれている。

図表 5.2　日・米・欧のスマートグリッドに関連する政策

年	日本	米国	欧州
2001年			● EU再生可能エネルギー促進指令（2001） ― 電力分野への再生可能エネルギー導入量の各国割り当て
2003年	● NEDOマイクログリッド実証（2003） ― 分散型エネルギーを用いた地域エネルギー供給システムの実証	● DOE Grid 2030（2003） ― 米国エネルギー省（DOE）主導で次世代電力システム像を検討	
2005年		● Energy Policy Act of 2005（2005） ― 系統設備の老朽化対策 ― 電力需要増に対する設備利用効率の向上	● 欧州テクノロジープラットフォーム「Smart Grids」設立（2005） ― スマートグリッドに関する技術開発、実証の内容・計画策定
2006年			● 需要家側エネルギー効率・エネルギーサービス指令（2006） ― スマートメーター導入の義務化
2007年		● Energy Independence and Security Act of 2007（2007） ― デマンドレスポンス等の技術実証のための予算措置 ― 技術の標準化の促進	
2009年	● 次世代エネルギー・社会システム協議会（2009） ― スマートグリッドに関する様々な検討を行う研究会を設立	● American Recovery and Reinvestment Act（2009） ― スマートグリッドに対して45億ドルの予算を配分 ― スマートメーターの導入、技術開発・実証等	● 欧州再生可能エネルギー促進指令（2009） ― 2020年までに最終エネルギー消費に占める再生可能エネルギーの割合を20%に
2010年	● 新成長戦略（2010） ― グリーン・イノベーションによる環境・エネルギー大国戦略としてスマートグリッドの導入をとりあげる エネルギー基本計画（2010） ― 再生可能エネルギーの導入拡大、新たなエネルギー社会の実現としてスマートグリッドの整備を掲げる		

（出典）　NEPO：『再生可能エネルギー技術白書』（2010年7月）などを参考にMURC作成

ている。

　米国におけるスマートグリッドの導入は2001年のカリフォルニア電力危機、2003年の北米大停電を契機として始まった。米国では発電、送配電の電力インフラの整備が電力需要増に追い付いてないため、電力供給能力の不足を系統

のスマート化によって補うという考え方である。2003年には米国エネルギー省（DOE）が将来の電力システムのあるべき姿をまとめた「DOE GRID 2020」を作成、2005年には「エネルギー政策法」（Energy Policy Act）、2007年には「エネルギー自足セキュリティ法」（Energy Independence and Security Act）を施行している。2009年には「米国再生・再投資法」（ARRA：American Recovery and Reinvestment Act）の中でスマートグリッドを政策の柱として据え、約45億ドルの予算を配分している。このARRAを契機に「スマートグリッド」という言葉が世界に広く知られるところとなった。

日本においては2009年頃からスマートグリッドの議論が本格化している。政策上は欧州、米国に始動が遅れている形になっているが、日本にはすでに強固な電力インフラが構築されていたという背景がある。また、欧米では電力分野の自由化が進められていたこともその理由の1つであることを付け加えておく。日本におけるスマートグリッド構築の議論は、現在の強固な電力系統に再生可能エネルギーが大量導入された際にその影響をいかに抑えて電力系統を安定的に運用するかというところにある。また、スマートグリッドは2010年「新成長戦略」の中でグリーン・イノベーション戦略に含められており、海外へのインフラ輸出としても重点項目としても取り上げられている。また、2011年3月11日に発生した東日本大震災を契機として、エネルギーセキュリティの重要性が高まり、スマートグリッドの認知度は急激に高まっている。

5.1.3　世界のスマートグリッドプロジェクト

現在、世界各国でスマートグリッド構築の取組みが進められている。各国のスマートグリッドは既存の電力インフラの状況や経済発展のレベルの違いから一様ではなく、大きくは先進国型と新興国・発展途上国型の2つに分類される（図表5.3）。

先進国型の中でもさらに2つのタイプに分けられる。1つは再生可能エネルギーの大量導入型であり、日本・欧州がこれにあてはまる。もう1つは供給信頼度強化型であり、米国などがこれに該当する。

新興国・発展途上国型では電力インフラの新たな構築が基本ではあるが、電力需要充足型、ゼロベース都市開発型の2つに分類できる。前者の電力需要充

図表 5.3　スマートグリッドの分類

スマートグリッドのタイプ		スマートグリッド導入の目的	該当地域
先進国型	再生可能エネルギーの大量導入型	■ 太陽光、風力等の再生可能エネルギーの大量導入 ■ 再生可能エネルギーを導入した電力系統の安定運用	■ 日本 ■ 欧州
	供給信頼度強化型	■ 電力供給信頼度強化のための老朽化した電力網の更新 ■ インフラ投資コストを抑制するための電力ピーク重要の削減	■ 米国
新興国・発展途上国型	電力需要充足型	■ 電力需給ギャップの解消、発電・送配電インフラの強化 ■ 配電部分での電力ロスの削減	■ 中国 ■ インド ■ ブラジル
	ゼロベース都市開発型	■ 低炭素型の新都市のゼロベースでの構築 ■ 都市の価値向上としての再生可能エネルギーの導入	■ 中国 ■ ポルトガル ■ シンガポール

（出典）　NEDO：『再生可能エネルギー技術白書』(2010年7月)を参考にMURC作成

足型には中国、インド、ブラジルといった経済成長が著しい国が該当する。これらの国では経済発展にともなう電力需要にインフラ整備が追い付いておらず電力需給のギャップが発生している。後者のゼロベース都市開発型には、中国、ポルトガル、シンガポール等の国が該当し、都市開発の付加価値の1つとしての低炭素化、再生可能エネルギーの導入を進めている。

5.2　スマートグリッド関連ビジネスの現状

5.2.1　スマートグリッドの市場規模

　先進国のみならず、新興国、発展途上国においても構築が進められているスマートグリッド市場は、今後巨大な市場となることが予想されている。なかでもアジアの新興国、発展途上国においては新たにインフラを整備していく段階にあり、特に大きな市場となることが予想されている。

　Pike Research社によると2013年にはスマートグリッド関連の市場への投

(百万ドル)

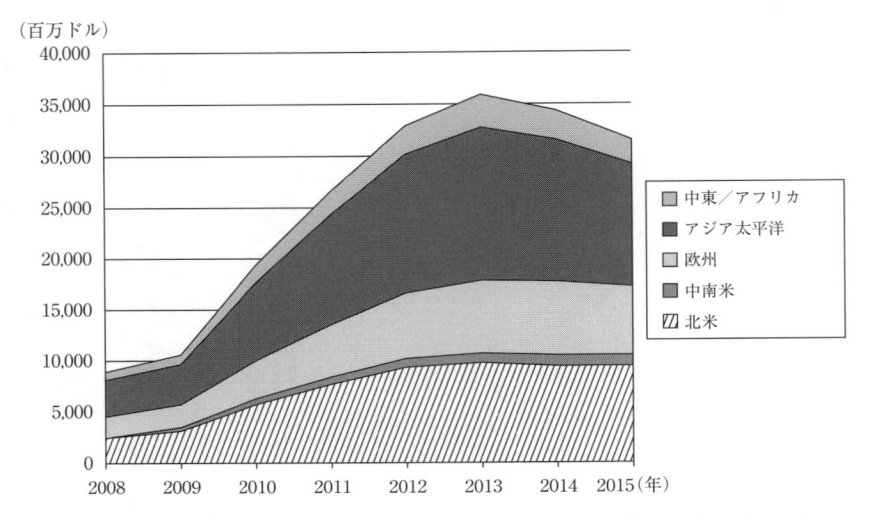

凡例：
- 中東／アフリカ
- アジア太平洋
- 欧州
- 中南米
- 北米

（出典）　Pike Research http://connectedplanetonline.com/residential_services/news/smart-grid-market-1229（2011年11月アクセス）

図表 5.4　スマートグリッドへ市場の投資規模予測

資額は全世界で350億ドルに達すると予測している。アジア・太平洋地域市場は2010年以降急速に拡大し、2013年には全世界の35%程度を占めると見られる。同市場に続くのが米国市場でおよそ25%となっている（図表5.4）。

投資額の84%がスマートグリッドを構築する送電機器のアップグレード、変電所の自動化、配電の自動化などのインフラストラクチャー向け、14%がAMI[2]、残りの2%が電気自動車のマネジメントシステムという内訳である。

また、2013年をピークとしその後投資規模が小さくなっているが、これは各国政府のスマートグリッドへの投資が一段落することが予想されるためであるとしている。しかし、スマートグリッド市場はその後も持続的であるとしている。

---

2) AMI：Advanced Metering Infrastructure、情報通信技術を応用し、家庭と電力供給側との双方向の通信を行うメーター基盤を指す。スマートメーターはAMIの1つの機能になる。

5.2.2　スマートグリッドを構成する技術分野

スマートグリッドを構成する技術分野は多岐にわたる。図表5.5にスマートグリッドを構成する技術とその概要を整理する。スマートグリッドは大きく分けて以下の4つの機能区分の技術で構成される。これらの技術はいずれも高度な電力技術であり、我が国が優位性を持つ分野である。

① **送配電系統の監視・制御技術**

電力系統自動化システム、配電自動化システム、分散型電源(太陽光発電、風力発電、蓄電システム等)の制御システム、デマンドレスポンス[3]、エネルギーマネジメントシステムを指す。

② **系統の効果的運用が可能となる先進技術**

超電導送電、高電圧直流送電、パワーエレクトロニクス応用機器等の送配電系統の運用効率やフレキシビリティ、セキュリティを向上させるための先進技術を指す。

③ **先進的なインターフェース技術**

パワーコンディショナ技術、AMI等の分散型電源の系統連系技術、および需要家機器と電力系統を結ぶ先進的なインターフェース技術を指す。

④ **需要家側のエネルギーマネジメント技術**

電力系統の情報や気象情報、電力価格情報等に基づき、需要家側のエネルギー設備を制御する技術。HEMS(Home Energy Management System)、BEMS(Building Energy Management System)、FEMS(Factory Energy Management System)等のエネルギーマネジメントシステム、電動車両による系統制御技術(V2G[4]、G2V[5]等)を指す。

5.2.3　スマートグリッド関連ビジネスの主要プレーヤー

スマートグリッドを構成する技術領域は広く、関連するプレーヤーも多岐に

---

[3] Demand Response:電力需要のピークの際、電力会社が消費者側での電力消費を調整するように促すことで系統への負荷を軽減すること。
[4] V2G:Vehicle to Grid、系統電力を電動車両に充電すること。
[5] G2V:Grid to Vehicle、電動車両から系統に電力を供給すること。

図表 5.5 スマートグリッドを構成する技術

区分	技術		概要
送配電系統の監視・制御技術	広域状態監視・制御		PMU（位相計測装置）を主要コンポーネントとし、GPSの時刻情報を用いて広域電力系統の同時刻での潮流、電圧などの系統データを収集し、状態の監視に用いるシステム
	分散型電源・需要家との協調システム	再生可能エネルギーとの協調制御システム	風力発電や太陽光発電による系統不安定化を防止するため、それらの出力を監視、制御するシステム
		系統用蓄電池システム	アンシラリーサービスの提供や、風力発電や太陽光発電に起因する余剰電力蓄電、ピーク負荷カットによる送配電投資の抑制用途などとしての大型の蓄電池の活用
		ローカルエネルギーマネジメントシステム	経済性や環境性、電力品質の維持・向上を目的とし、電力系統の下流側の設備の監視・制御を行うとともに、HEMSやBEMS、さらに基幹系の制御システム（中給等）と協調制御を行うシステム
	配電自動化システム		配電線や変電所に設置される機器の状態や電流値・電圧値等を遠隔監視しながら配電線開閉器を自動操作することで、供給信頼度の向上や保守作業の省力化を図るシステム
系統の効果的な運用が可能となる先進技術	超電導送電・高電圧直流送電		超電導送電とは、極低温下において、ある種の物質の電気抵抗がゼロになる超電導体の特徴を利用し送電を行う技術、高電圧直流送電（HVDC）とは、直流により高電圧送電を行う技術
	パワーエレクトロニクス応用機器		大容量化した半導体素子を電力システム技術に活用し、無効電力制御による電圧調整、送電線インピーダンスの変化による送電線潮流コントロールを行い系統運用の効率化を図る
先進的なインターフェース技術	パワーコンディショナ技術		太陽光発電等の大量の分散型電源の導入に対応するため、パワーコンディショナへの機器保護機能や、系統側へ貢献するための機能の付与
	AMI・スマートメーター		電力需要等を計測し、通信技術を用いて定期的にその情報を電力会社に送信する技術
需要家側のエネルギーマネジメント技術	エネルギーマネジメントシステム技術	HEMS、BEMS、FEMS	省エネルギーや温暖化対策を目的とし、施設内のエネルギー需要機器（電化製品や給湯器等）、エネルギー供給機器（太陽光発電や燃料電池、冷凍機等の空調システム等）、さらに電動車両等をネットワークで制御するシステム
		デマンドレスポンス・スマート家電	家電機器を経済的インセンティブによる需要家の行動変化を通じて制御し、系統電力のピーク電力カットや供給信頼度を向上させるシステム
	電動車両の連系技術		系統電力を電動車両に充電（G2V：GridtoViehcle）、電動車両から系統に電力を放電（V2G：ViehcletoGrid）、また電動車両から家庭等の需要施設に電力供給を行う（V2H：ViehcletoHome）システム

（出典） NEDO：『再生可能エネルギー技術白書』（2010年7月）を参考にMURC作成

第5章 スマートグリッド関連ビジネス

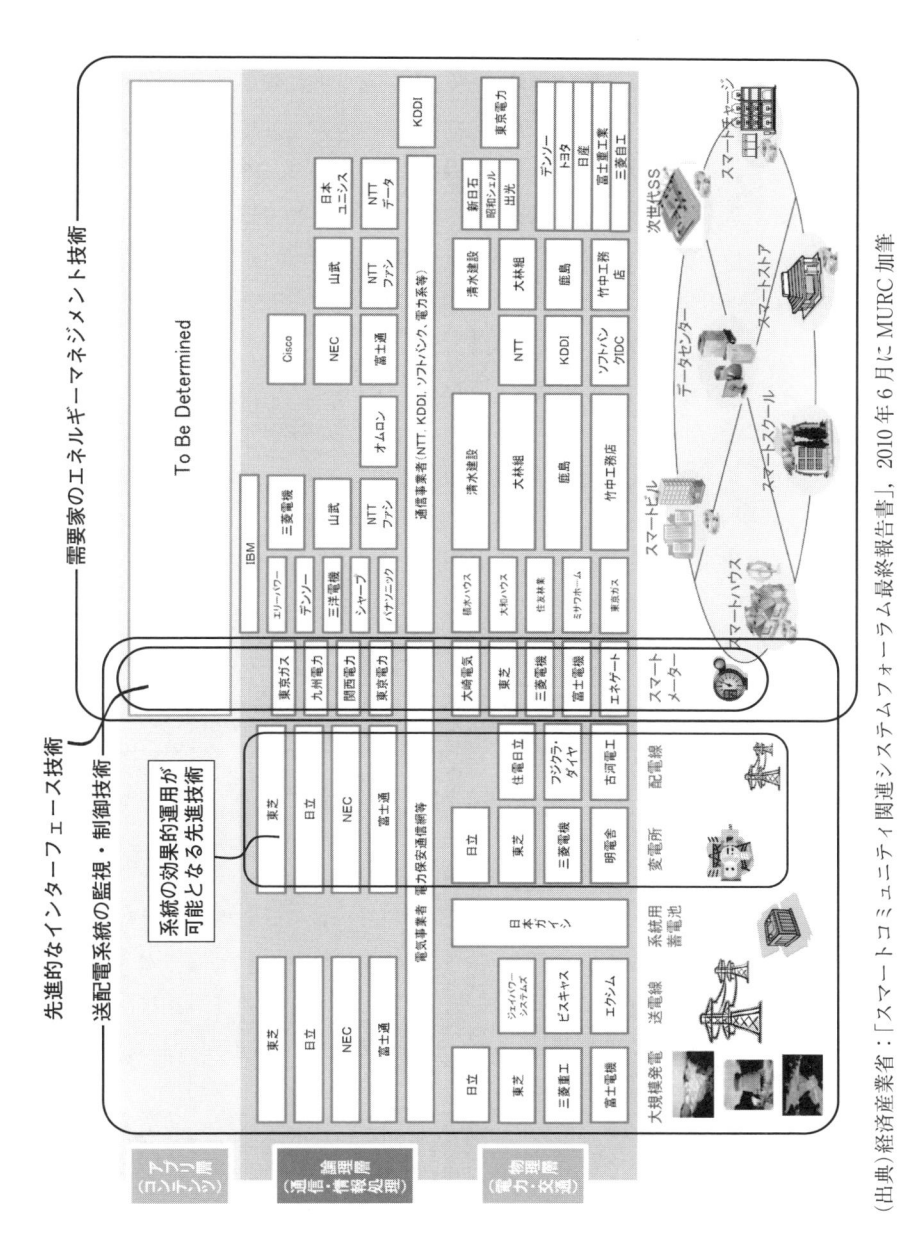

図表 5.6　スマートグリッド関連の国内主要プレーヤー

(出典) 経済産業省：「スマートコミュニティ関連システムフォーラム最終報告書」、2010年6月に MURC 加筆

わたる。発電から需要家までのスマートグリッド主要プレーヤーを整理し、図表5.6に示す。同図表での物理層はスマートグリッドを構成する機器・建物を提供するプレーヤーの層、論理層はスマートグリッドに使用される情報・通信処理のシステムを提供する層、アプリ層は機器、情報・通信処理システムを利用して行うアプリケーションを提供する層を表す。図表5.5の技術分野との対応がわかるよう、各技術分野に関連するプレーヤーを枠で囲っている。

スマートグリッドは電力という物理量の供給を、ICTを用いて高度に制御し、効率的に利用するシステムであり、電力の制御と情報の制御の両方が必要となる。そのため、IBMやCISCOといったシステム系IT企業が続々とスマートグリッド市場に参入している。

また、スマートグリッドは電力供給側と需要側が一体となって効率的なエネルギーの利用を行うものであることから、これまでの電力供給側の市場に加え、需要側での市場が大きく広がっている。電気機器メーカーをはじめ、住宅メーカー、通信事業者、システム系IT企業、さらにはインターネット系IT企業、ソフトウェア系IT企業が参入してきている。

5.3 スマートグリッド関連ビジネスのゆくえ

5.3.1 インターフェースの主導権争い

スマートグリッドは電力供給側と需要家側がつながることで実現するシステムであり、この接続を担う機器が何になるのか、接続のインターフェースがどのようになるのかが非常に重要になる。現在、この役割を担うものとして注目されているのがスマートメーターであり、現在、日本を始め諸外国においてスマートメーターにどのような機能を持たせるのかという議論が行われている。また、パワーコンディショナ[6]等のスマートメーター以外の機器がこの役割を担う場合、個々の機器そのものが接続インターフェースを持つ場合なども考えられ、インターフェースの主導権争いが激しさを増すことが予想される。

---

6) 太陽電池、燃料電池、ガスエンジン等の発電電力を系統電力に変換する機能を備えた装置。

5.3.2 エネルギーと情報の融合による新たなサービスの創出

スマートグリッドはエネルギーと情報が融合したシステムであり、新たなサービスの創出が予見されている。例えば、需要家側が蓄電池等を活用して電力系統の電圧・周波数制御に貢献するアンシラリーサービスや家庭のエネルギー消費を、情報通信を活用して最適制御するエネルギー総合管理サービスなどが考えられる。2009 年には Google が「Google PowerMeter」、Microsoft が「Microsoft Hohm」という名称の HEMS サービスを提供しており、IT 系企業を中心として新たなビジネスの検討が盛んに行われている。しかしながら、Google、Microsoft ともに 2011 年 6 月にこれらのサービスの終了を発表しており、利益の期待できるサービスの形が明確となるためにはまだ時間がかかると見られている。

5.3.3 地域のニーズ、生活習慣に合わせたシステムの構築の重要性

図表 5.3 で示したように、国、地域によりスマートグリッドに求められる機能は異なる。日本のように高度な電力インフラがすでに構築されている国とインドの南部のように電力供給が行われていない国では求められる電力インフラ

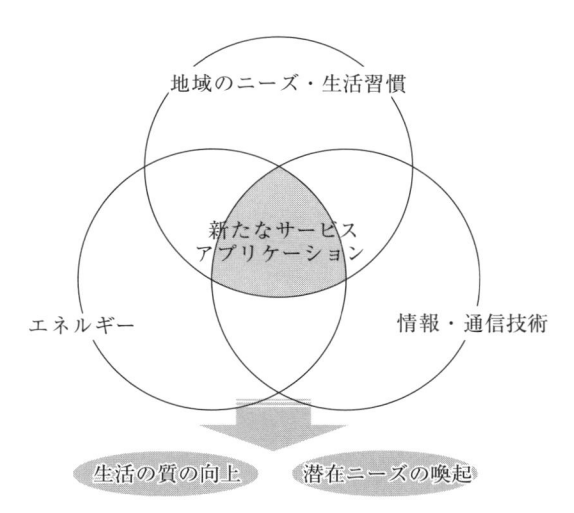

図表 5.7　スマートグリッド関連ビジネスの視点

は当然異なる。また、欧州のように都市の規模が小さく、電力需要の密度が低い地域と、日本のように都市に人口が集中し電力密度が高い地域では同じ先進国ではあるが、スマートグリッドの形は違ったものになる。スマートグリッドにおける今後のビジネスは、エネルギーと情報の融合に加え、地域のニーズ・生活習慣といった地域特性を組み込み、新たなサービスアプリケーションを生み出し、生活の質の向上、潜在ニーズの呼び起こしを進めていくことが重要になると考えられる（図表5.7）。

第5章の参考文献

［1］　経済産業省：「低炭素電力供給システムに関する研究会報告書」，2009年7月．
［2］　経済産業省：「スマートコミュニティの実現に向けた政策展開」，2010年2月．
［3］　内閣府：「新成長戦略」，2010年6月．
［4］　NEDO：『再生可能エネルギー技術白書』，2010年7月．
［5］　経済産業省：「スマートコミュニティ関連システムフォーラム最終報告書」，2010年6月．
［6］　GTMResearch, *The Smart Grid in 2010*: *Market Segmeuts, Applications and Industry Players*, 2009.

第6章 電気自動車関連ビジネス

6.1 電気自動車関連ビジネスの背景

6.1.1 電気自動車関連ビジネスとは

　電気自動車とは電気モーターを動力源として動く自動車を指す。充電可能な蓄電池からエネルギーを供給するものに加え、発電機を搭載した燃料電池自動車も電気自動車に含まれる。本章では、蓄電池を搭載した自動車を主に取り上げる。

図表 6.1　電気自動車関連ビジネスの領域

ビジネス領域	具体的な項目
部素材	●自動車を構成する各種部素材 ●モーター、インバーター、等電子部品など
蓄電池	●電池部素材（正極材、負極材、セパレーター、電解液） ●電池製造装置、検査装置 ●充放電制御システムなど
完成車	●組立て ●使用（輸送・タクシーなど）
サービス	●系統電源との接続 ●通信ネットワークとの接続
インフラ	●充電器 ●充電スタンド
その他	●蓄電池のリユース、リサイクルなど

（出典）　経済産業省：「次世代自動車戦略2010」，2010年4月，日本政策投資銀行：「今月のトピックス No.149-1」（2010年8月24日）を参考に MURC 作成

電気自動車に関連するビジネス領域は、従来の内燃機関自動車に関連するビジネス領域よりも広域なものになる。具体的には、各種部素材に関する領域、蓄電池に関する領域、完成車に関する領域、自動車を活用したサービスに関する領域、充電インフラに関する領域などである(図表 6.1)。

6.1.2　電気自動車への注目が高まった背景

(1)　地球温暖化対策の必要性

自動車を取り巻く大きな課題の 1 つとして地球温暖化対策があげられる。2009 年時点の世界の CO_2 総排出量が約 290 億トンであり、その内運輸部門が約 23% を占めている(図表 6.2)。

世界各国の自動車販売台数を見てみると、アメリカ、日本といった先進国では自動車販売台数が減少傾向にあるが、インド、ブラジル、中国といった新興国では販売台数が増加している(図表 6.3)。

今後は新興国や発展途上国においてはモータリゼーションが進み自動車の需要が増加することが予想される。そのため地球温暖化の抑止のためには、自動車からの CO_2 排出量削減を図る必要がある。

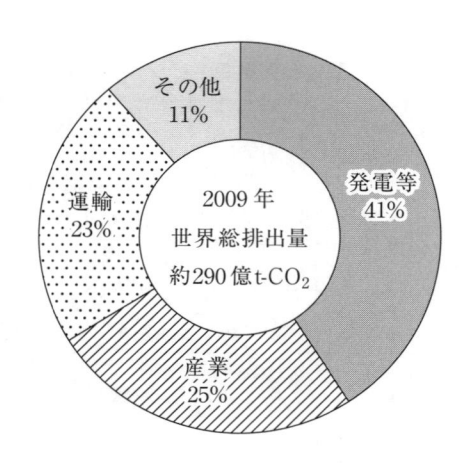

（出典）　IEA：*CO₂ Emissions from Fuel Combustion 2011* より MURC 作成

図表 6.2　セクター別の CO_2 排出量(2009 年)

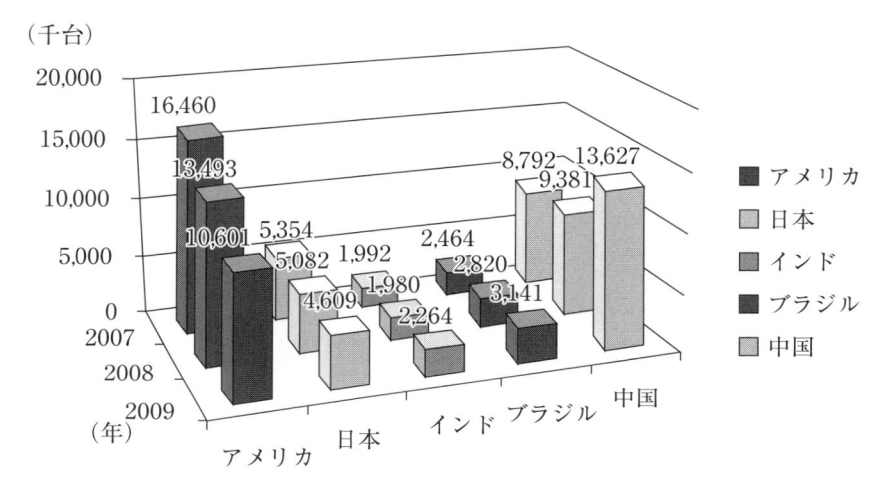

(出典) 社団法人日本自動車工業会資料より MURC 作成

図表 6.3 世界各地の自動車販売台数（乗用車、トラック・バス合計）の推移

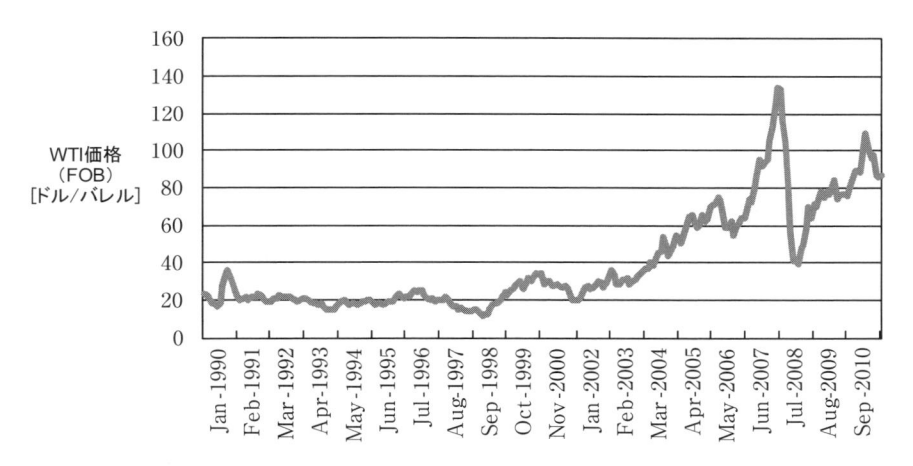

(出典) U.S. Energy Information Administration 公表データより MURC 作成

図表 6.4 WTI スポット価格の推移

（2） 資源制約

　自動車をとりまくもう1つの大きな課題として資源制約の問題がある。図表 6.4 は原油の WTI スポット価格の推移を整理したものである。原油価格は 2000 年頃から大きく上昇しはじめ、2008 年には最高値を記録している。その

後2008年の金融危機から一時急落しているが、その後再び上昇に転じ、現在(2012年2月時点)約90ドル/バレル前後の水準で推移している。

経済発展が著しい新興国などの需要増から、今後、長期的には原油価格が下落する可能性は低い。そのため、自動車における資源制約の影響は今後さらに強まっていくことが予想される。

(3) 電気自動車の必要性

以上のような地球温暖化対策、資源制約対策として、電気自動車の普及拡大の必要性が高まっている。

ここで電気自動車を含む次世代自動車の種類を整理しておく。日本における次世代自動車は、「低炭素社会づくり行動計画」(2008年7月)において、ハイブリッド自動車(HV)、電気自動車(EV)、プラグイン・ハイブリッド自動車(PHV)、燃料電池自動車(FCV)、クリーンディーゼル自動車(CVD)、天然ガス(CNG)自動車等と定義されている。

我が国においては、「次世代自動車戦略2010」の中で、次世代自動車の普及目標が設定されている(図表6.5)。現在の次世代自動車の中での主流はハイブリッド自動車であり、2020年にはこの比率を20～30%に、2030年には30～40%までに高めるとしている。ハイブリッド自動車に次いで高い導入目標が設定されているのが、近年特に注目されている電気自動車、プラグイン・ハイ

図表6.5　2020～2030年の乗用車車種別普及目標

		2020年	2030年
従来車		50～80%	30～50%
次世代自動車		20～50%	50～70%
	ハイブリッド自動車	20～30%	30～40%
	電気自動車 プラグイン・ハイブリッド自動車	15～20%	20～30%
	燃料電池自動車	～1%	～3%
	クリーンディーゼル自動車	～5%	～5～10%

(出典)　経済産業省：「次世代自動車戦略2010」，2010年4月

ブリッド自動車である。経済産業省は、2020年には15〜20%、2030年には20〜30%の普及目標を設定している。

日本だけでなく、欧州、米国などにおいても電気自動車に対する注目が高まっている。ドイツにおいては2009年8月にドイツにおけるEVの研究、開発、市場準備、市場導入を進めることを目的としたE－モビリティ国家開発計画が議決された。同計画では2020年までにドイツにおける電気自動車の普及台数を100万台にすることを目標としている。

米国においては、2008年リーマンショック後の景気刺激策である2009年「米国再生・再投資法」(ARRA)のなかで、電動車両用の二次電池生産への投資として14億9,190万ドルがあてられている。

このように、地球温暖化対策の必要性、資源制約の高まりから世界各国で電気自動車への期待が高まっている。

6.1.3　電気自動車の歴史

電気自動車への注目が高まったのは今回が初めてではなく、過去に2度、電気自動車ブームがあった。

第1次ブームは1970年代のオイルショックによるエネルギー危機が発端となった。日本では1971年から1973年にかけて通商産業省が「電気自動車大型プロジェクト」を行い、官民をあげて電気自動車の技術開発が行われた。しかしながら、当時のバッテリーは鉛蓄電池であったため航続距離が短く、実用に耐える自動車とはならなかった。

第2次ブームは1990年の米国カリフォルニア州のZEV法を契機としたものである。ZEV法は電気自動車などのゼロ排気ガス車(Zero Emission Vehicle)を一定量販売することを義務付けたものであり、自動車メーカーおよび電池メーカーは電気自動車の開発に取り組んだ。この時期には新たな電池の実用化が行われている。1990年にニッケル水素二次電池、1991年にリチウムイオン二次電池が実用化され電気自動車用電池の開発も促進された。しかしながら、ZEV規制の見直しや、ガソリン車との性能・コストの差が大きく普及にはいたらなかった。

現在の電気自動車ブームは第3次ブームにあたる。今回のブームの背景に

は、先に述べた地球温暖化対策、資源節約の動きに加え、電池(バッテリー)技術の向上がある。1991年のリチウムイオン二次電池の実用化以降、電池のエネルギー密度が大きく向上している(図表6.6)。このリチウムイオン二次電池が自動車向けとして実用段階に入っていることも今回の電気自動車ブームの要素の1つである(図表6.7)。

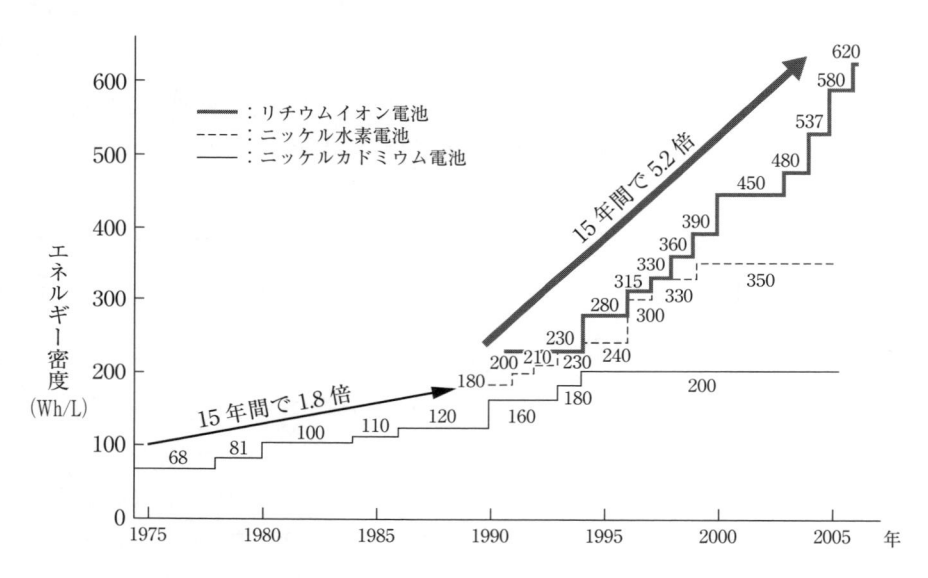

(出典) 資源エネルギー庁:「蓄電池技術の現状と取り組みについて」,2010年2月

図表6.6 電池のエネルギー密度の推移

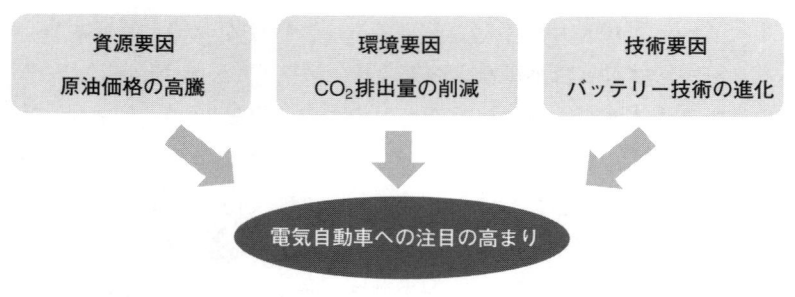

図表6.7 第3次EVブームの要因

資源要因:原油価格の高騰
環境要因:CO_2排出量の削減
技術要因:バッテリー技術の進化

→ 電気自動車への注目の高まり

6.2 電気自動車関連ビジネスの現状

6.2.1 電気自動車の市場規模

(1) 電気自動の普及状況

世界各国で注目が高まっている電気自動車であるが、その市場は立ち上がりの初期段階にある。図表6.8に日本における電気自動車の販売台数の推移を示す。

2009年7月に三菱自動車から「i–MiEV」が、富士重工から「スバル プラグイン ステラ」がそれぞれ販売され、2010年12月に日産自動車から「リーフ」が販売され、電気自動車市場が本格的に立ち上がっている。2011年は電気自動車元年であるとも言われている。

(2) 電気自動車の普及予測

市場が形成され始めたばかりの電気自動車であるが、今後の普及拡大が予想されている。「富士経済プレスリリース」(2011年8月)によれば、2010年の電動自動車(乗用車)の世界市場はおよそ90万台で、HVが約89万台と大半を占

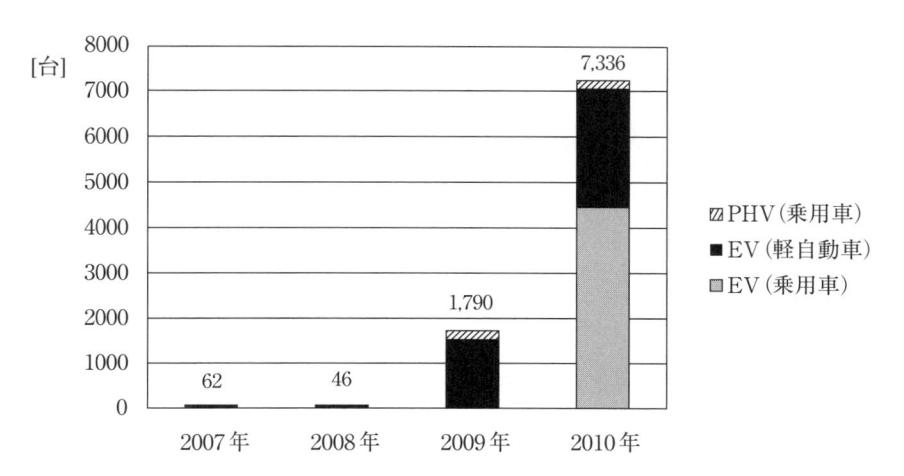

(出典) 社団法人次世代自動車振興センター公表データよりMURC作成

図表6.8 国内の電気自動車販売台数の推移

めているが、今後、EV、PHV も販売が本格化し、2025 年には PHV が 1,148 万台、EV が 575 万台、HV が 1,386 万台に拡大すると予測している。

6.2.2　電気自動車関連ビジネスのプレーヤー

図表 6.9 に電気自動の開発・生産を行っているメーカーの一覧を示す。トヨタ、ホンダ、BMW、フォードを始めとする大手企業は HEV、EV、PHEV の複数の車種の開発を行っている。一方、EV に専念した開発を行っているのは TESLA などの新興企業、ベンチャー企業が多い。これは、これまでの自動車は部品点数が多く、すり合わせを必要とするものであったのに対し、電気自動車は部品点数が少なく、電子部品を組み合わせることで、ある程度のものが製造できるためである。

こういった理由から、今後も多くの新興メーカーが電気自動車市場に参入してくることが予想されている。

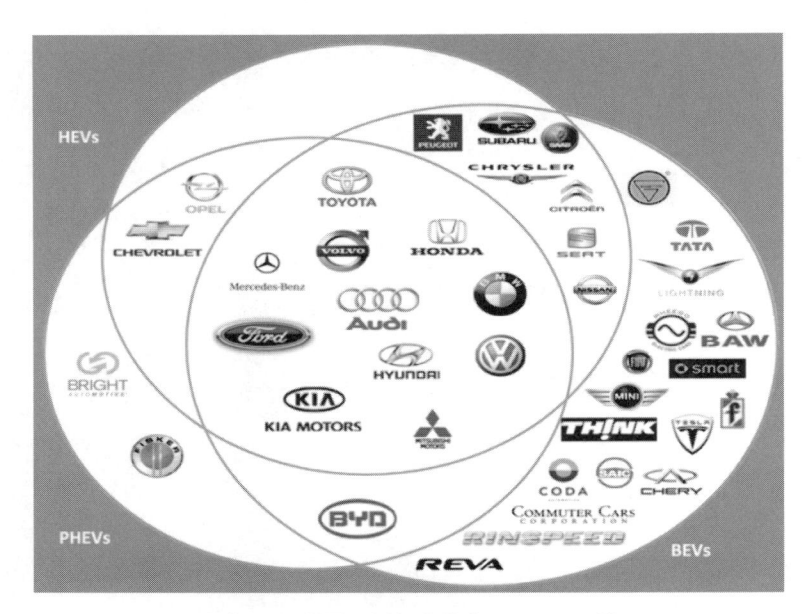

図表 6.9　世界の電気自動車メーカー一覧

（出典）　GTM Research Web サイト（http://www.greentechmedia.com/research/report/electric-vehicles-2011-technology-economics-and-market），2011 年 11 月アクセス

6.3　電気自動車関連ビジネスのゆくえ

　さまざまな課題はありつつも、電気自動車の市場は今後大きく拡大することが予想される。今後の電気自動車分野における環境ビジネスのゆくえを以下に整理する。

6.3.1　電気自動車普及における課題

　市場の拡大が予想されている電気自動車であるが、本格的な普及のためには解決すべき課題は多い。以下に本格普及のために解決すべき主たる課題を整理する。

①　電池のエネルギー密度

　リチウムイオン二次電池の実用化により、大きく性能が向上した電池であるが、まだガソリン自動車を代替する航続距離を得られる性能にはいたっていない。日産リーフの一充電あたりの走行距離が200km、三菱 i-MiEV が180kmである（いずれも JC08 モード一充電走行距離）。

　一般的な目安としてエネルギー密度が 1Wh/kg の電池があれば 1km の走行が可能であるとされているが、現状のリチウムイオン二次電池のエネルギー密度は約 80Wh/kg であり、さらに、リチウムイオン電池のエネルギー密度の限界値はおよそ 250Wh/kg であることから、300km を越えるような航続距離を実現するためには、新たな電池の開発が必要であるとされる（図表 6.10）。

②　電池のコストダウン

　電気自動車の普及のためには、車両価格を現在のガソリン車並みに下げる必要がある。現在の電気自動車の車両価格の約半分が電池の価格であるといわれており、車両のコストダウンのためには電池のコストダウンが不可欠である。

　NEDO の「二次電池技術ロードマップ 2010」によると、現状では 100〜200円/Wh のコストを 2015 年頃には 30円/Wh、2020 年頃には 20円/Wh まで下げ、2030 年には革新的二次電池の開発により 20円/Wh、2030 年には 5円/Wh とするロードマップを描いている。

③　充電インフラの整備

　現状の電池のエネルギー密度の不足を補うために必要となるのが充電インフ

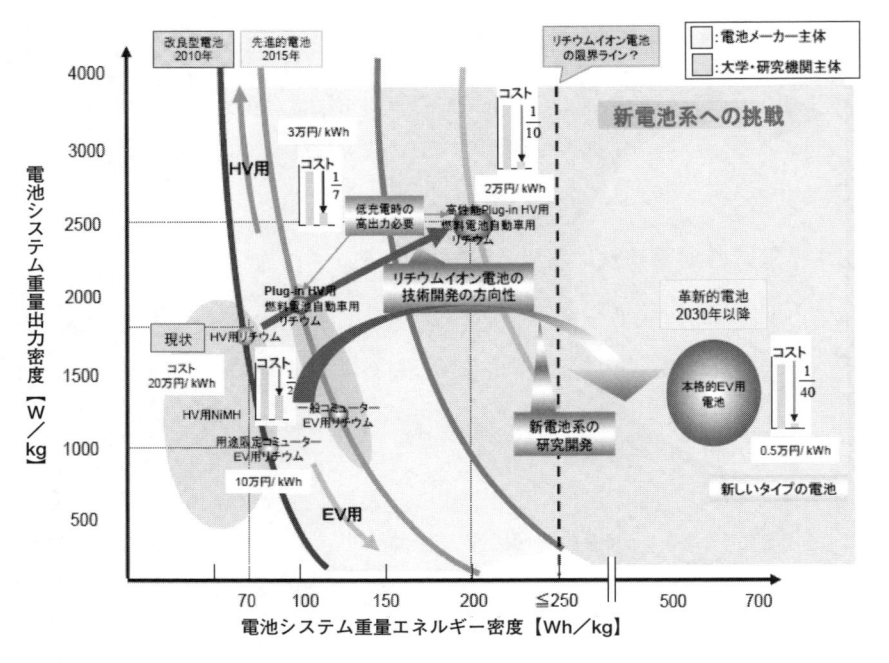

(出典) 経済産業省:「次世代自動車用の将来に向けた提言」, 2006 年
図表 6.10　自動車用蓄電池の開発の方向性

ラである。現在日本においては電気自動車の普及促進のために、経済産業省が8つの自治体をモデル地区とした「EV・PHEV タウン構想」を実施している。この実証事業では電気自動車の導入補助と合わせて充電インフラの整備も同時に進められている。

ドイツにおいても E－モビリティ国家開発計画の中で 2020 年までに充電スタンドの 75 万台設置の目標を掲げ、全国 8 ヵ所の E－モビリティ地区を設定し、充電インフラの普及が進められている。

6.3.2　短距離移動体としての市場形成の可能性

先進国においては、従来のガソリン自動車の代替を目的とした、ハイスペックな電気自動車の市場投入が行われているが、電池の性能がまだガソリン自動車を代替するまでにはいたっていないことから、ハイスペックな電気自動車が

本格的に普及するためにはまだ時間を要することが予想される。

一方で、短距離移動用としての電気自動車であれば、現在の電池性能である程度の要求を満たしていることから、この分野の市場が先に拡大することが考えられる。さらに、電気自動車は従来の自動車に比べ部品点数が少なく、すり合せ技術の必要性が薄れていることから、比較的簡単に製造することができる。そのため、中国をはじめとする新興国が自国の産業発展の目的からも政策的に電気自動車の開発、普及を進めている。

以上のような理由から、先進国よりも先に新興国において電気自動車の市場が立ち上がる可能性がある。

6.3.3 移動体用途以外の新たな価値の創出

電気自動車分野では移動体としてだけではない、新たな価値の創出の可能性が考えられている。

その一例が、スマートグリッドと電気自動車の融合による、G2V（グリッド to ビークル）、V2H（ビークル to ホーム）、V2G（ビークル to グリッド）のコンセプトである。これらのコンセプトは電気自動車を1つの蓄電池として捕らえ、G2Vでは自動車の電池を活用した系統の負荷制御（自動車の電池への充電）、V2Hでは需要家での電力需給の最適化、V2Gでは自動車の電池を系統に流すことで系統の安定性を高めるといった使い方である。

この他にも、自動車がネットワークとつながることで新しいサービスが生まれることが予想されており、移動体としての価値だけではない新たな価値が創出により、新しい市場が形成される可能性が考えられる。

6.3.4 現在のガソリン自動車を代替する市場の拡大

現在のガソリン自動車を代替する電気自動車の普及のためには、国の政策、充電インフラの整備などの課題もあるが、一番の課題は電池の性能向上であり、電池の技術革新により、電気自動車の普及が一気に進む可能性は残されている。

次世代の電池として期待されている電池の1つにリチウム空気イオン電池がある。この電池は現在のリチウムイオン電池よりも高いエネルギー密度の実現

が理論上可能とされている。

第6章の参考文献

[1]　経済産業省：「次世代自動車戦略2010」，2010年4月．
[2]　資源エネルギー庁：「蓄電池技術の現状と取り組みについて」，2010年2月．
[3]　経済産業省：「次世代自動車用の将来に向けた提言」，2006年．
[4]　日本政策投資銀行：「今月のトピックス No.149-1」，2010年8月24日．

第7章 再生可能エネルギー関連ビジネス

7.1　再生可能エネルギー関連ビジネスの背景

7.1.1　再生可能エネルギー関連ビジネスとは

　再生可能エネルギーとは太陽光、風力、水力、地熱、バイオマス等の非化石エネルギー源のうち、エネルギー源として永続的に利用でき、実効性があるも

```
┌─────────────────────────────────────────────┐
│              再生可能エネルギー源              │
│ <エネルギー供給構造高度化法>                  │
│ 1. 太陽光、風力その他非化石エネルギー源のうち、 │
│    エネルギー源として永続的に利用することが    │
│    できると認められるもの（法律第2条第3号）    │
│ 2. 利用実効性があると認めれるもの              │
│    （法律第5条第1項第2号）                    │
│                                              │
│ （政令第4条）                                 │
│ 大規模水力、地熱（フラッシュ方式）、空気熱、地中熱 │
│                                              │
│ ┌─────────────────────────────────────────┐ │
│ │            新エネルギー源                │ │
│ │ <新エネルギー法>                         │ │
│ │ 1. 非化石エネルギー利用のうち、          │ │
│ │ 2. 経済性の面における制約から普及が十分  │ │
│ │    でないものであり、                    │ │
│ │ 3. その促進を図ることが非化石エネルギー  │ │
│ │    の導入を図るために特に必要なものと    │ │
│ │    定義されている（第2条）               │ │
│ │                                          │ │
│ │ （政令第1条）                            │ │
│ │ 太陽光、風力、中小水力、地熱（バイナリー方式）│ │
│ │ 太陽熱、水を熱源とする熱、雪氷熱         │ │
│ │ バイオマス（燃料製造、発電・熱利用）     │ │
│ └─────────────────────────────────────────┘ │
└─────────────────────────────────────────────┘
```

（出典）　経済産業省資源エネルギー庁：「なっとく！再生可能エネルギー」webサイトをもとにMURC作成

図表 7.1　再生可能エネルギーの定義

のをいう。エネルギー源が枯渇せず繰り返し使え、発電時や熱利用時に地球温暖化の原因となる二酸化炭素をほとんど排出しない優れたエネルギーである。「エネルギー供給構造高度化法」における再生可能エネルギーの定義を図表 7.1 に示す。

再生可能エネルギー関連ビジネスは、この再生可能エネルギーを活用したビジネスであり、そのビジネス内容は多岐にわたる。例えば、電力やエネルギー会社のように自ら発電事業を行う事業者、発電設備・プラントの設計、建設を行うメーカーやエンジニアリング会社が従事するビジネスがあげられる。

その他、再生可能エネルギー関連ビジネスを支援する立場として、大規模となる発電事業のオリジネーターを務める商社や、投融資支援を行う金融機関、ビジネスコンサルティングを行うコンサルタント等も再生可能エネルギー関連ビジネスに従事している。

7.1.2　再生可能エネルギー関連ビジネス発展の経緯

資源やエネルギーはわれわれの生活や経済活動になくてはならない大切なものである。資源やエネルギーを安定的に供給することは国家の重要な課題であるが、我が国はその大部分を海外からの輸入に頼っている。『エネルギー白書 2011』によると、2007 年度の我が国のエネルギー自給率は 18%（原子力発電 14%含む）であり、先進主要国の中でも低い水準となっている（図表 7.2）。

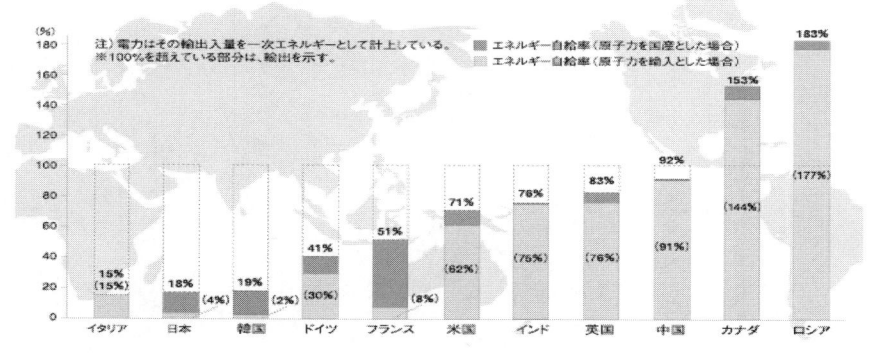

（出典）　資源エネルギー庁：「日本のエネルギー 2010」, p11, 図 14, 2010 年

図表 7.2　主要国の一次エネルギー自給率（2007 年）

	1960	1970	1980	1990	2000	2005	2008(年)
エネルギー自給率(%)	58	15	6	5	4	4	4
(原子力含む)(%)	(58)	(15)	(13)	(17)	(20)	(19)	(18)

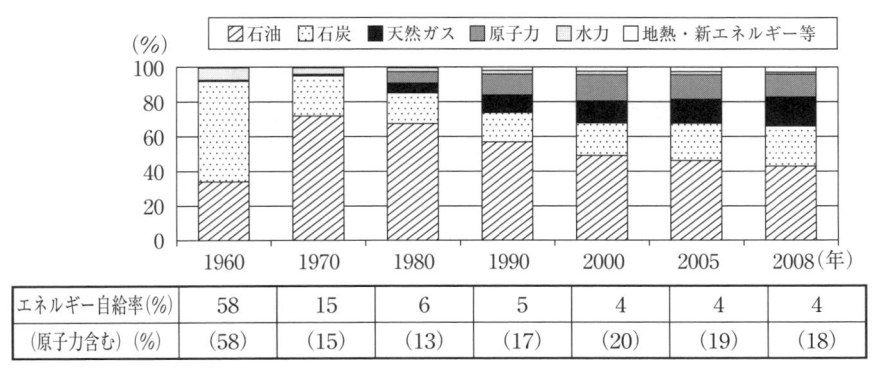

(出典) 資源エネルギー庁:『エネルギー白書2011』,p.83,第211-4-1,2011年

図表7.3　日本のエネルギー国内供給構成及び自給率の推移

1960年代から1970年代の高度経済成長期にエネルギー需要量が大きくなるにつれ、石炭から石油への燃料供給の転換が進み、石油が大量に輸入されるようになった。当時のエネルギー自給は主に石炭や水力などの国内天然資源よるものであったが、1970年代以降は石炭による発電の大幅な削減によりエネルギー自給率は大幅に低下した(図表7.3)。

さらに、石油やオイルショック後に導入された液化天然ガス(LNG)は、ほぼ全量が海外から輸入されており、2008年の我が国のエネルギー自給率は水力・地熱・太陽光・バイオマス(廃棄物等)などによる4%となった。

このようななか、日本政府は以下の3つの側面から「再生可能エネルギー」の普及を推進している。

① エネルギー安全保障の強化:エネルギー自給率の向上と安定供給
② 地球温暖化防止の強化:燃焼時に大量のCO_2を排出する石油や石炭、LNG等の化石燃料からの脱却。
③ 経済成長の実現:再生可能エネルギーにかかる環境エネルギー技術により見込まれる日本経済の成長

7.1.3　再生可能エネルギー関連ビジネス普及における各種法規制・戦略

再生可能エネルギーの普及に関する各種の法規制や戦略が整備されつつある。

(1) エネルギー政策基本法

エネルギーの需給に関する施策の基本方針を定めた法律で 2002 年 6 月に制定された。本法ではエネルギーにおいて、「安定供給の確保」、「環境への適合」およびこれらを十分に考慮したうえでの「市場原理の活用」などの基本方針が掲げられている。また、国および地方公共団体や事業者の責務、国民の努力などの役割分担が定められており、後述する「エネルギー基本計画」にも連動している。

(2) エネルギー基本計画

「エネルギー政策基本法」において明記されたエネルギーの基本方針にのっとり、今後 10 年程度を見通したエネルギー需給全体に関する施策の基本的な方向性を定性的に定めている。エネルギーをめぐる情勢変化や今までの施策の効果に関する評価を踏まえ、少なくとも 3 年ごとに計画を見直し変更している。現在は、2010 年 6 月に策定されたものが最新である。最新の改定では、以下 3 つの背景が重視されている。

① 我が国の資源エネルギーの安定供給にかかわる内外の制約が一層深刻化している
② 地球温暖化問題の解決に向け、エネルギー需給構造を低炭素型に変革していく
③ 「環境・エネルギー大国」を目指し、経済成長の牽引役として環境・エネルギー分野への政策資源の集中投入を行う

これらを踏まえ、2030 年に向けて以下の目標実現を目指すこととしている。

1) エネルギー安全保障を抜本的に強化するため、エネルギー自給率(現状 18%)および化石燃料の自主開発比率(現状 26%)をそれぞれ倍増し、自主エネルギー比率を約 70%(現状 38%)とする
2) ゼロ・エミッション電源(原子力および再生可能エネルギー由来)の比率を約 70%(現状 34%)とする
3) 家庭部門のエネルギー消費による CO_2 排出を半減する
4) 産業部門での世界最高のエネルギー利用効率を維持・強化する
5) 我が国企業群のエネルギー製品等の国際市場でのトップシェアを維持・

獲得する

(3) 新・国家エネルギー戦略

原油価格高騰をはじめ、厳しいエネルギー情勢を鑑み、エネルギー安全保障を核としたもので、2006年5月に経済産業省がとりまとめたものである。戦略によって実現を目指す目標は、以下の3つとなる。

① 国民に信頼されるエネルギー安全保障の確立
② エネルギー問題と環境問題の一体的解決による持続可能な成長基盤の確立
③ アジア・世界のエネルギー問題克服への積極的貢献

世界最先端のエネルギー需給構造を確立するために、およそ50%ある石油依存度を、2030年までに40%を下回る水準とする目標を掲げ、「新エネルギーイノベーション計画」を示した。

計画では、再生可能エネルギー（太陽光、風力、バイオマスなど）の内、特に導入を促進すべきエネルギー源を特定し、助成・税制等による関連設備の導入支援の他、公共機関での設備導入や法規制の整備により市場拡大を進めていく。地域性の高い新エネルギーについては「地産地消」をベースにビジネス促進や、エネルギー貯蔵等の革新的なエネルギー高度利用の促進、新エネルギー・ベンチャービジネスに対する支援も拡大していくとしている。

(4) 新成長戦略

政府は2020年に向けた「強い経済」の実現向けた戦略を示した「新成長戦略」を2010年6月に閣議決定した。「新成長戦略」では7つの戦略分野を定めているが、その1つめに掲げられているのが「グリーン・イノベーション」である。日本が誇る世界最高レベルの環境エネルギー技術や、それを後押しする総合的な政策パッケージにより、世界ナンバーワンの「環境・エネルギー大国」を目指すこととしている。その中で再生可能エネルギーについては、電力の固定価格買取制度の拡充による普及拡大支援策が提示されている。これら施策により2020年までに次の3つの政策目標を掲げている。

① 50兆円超の環境関連新規市場

②　140万人の環境分野の新規雇用
③　日本の民間ベースの技術を活かした世界温室効果ガス削減量を13億トン以上とすること（日本全体の総排出量に相当）

(5) エネルギー供給構造高度化法

「エネルギー供給構造高度化法」は2009年7月に制定された、原子力や太陽光および風力等の非化石燃料の利用、バイオマスの利用および石油製品や都市ガスの製造工程におけるロスの減少等の取組みを通じ、エネルギー供給事業者による非化石エネルギー源の利用および化石エネルギーの有効利用を促進することで、エネルギーの安定的かつ適切な供給確保を図ることを目的としている。

(6) 再生可能エネルギー特別措置法

「再生可能エネルギー特別措置法（電気事業者による再生可能エネルギー電気の調達に関する特別措置法）」は2011年8月に制定された。エネルギー安定供給の確保、地球温暖化問題への対応、経済成長の柱である環境関連産業の育成のための再生可能エネルギーの利用拡大に向け、「エネルギー基本計画」、「新成長戦略」に盛り込まれている再生可能エネルギーの固定価格買取制度を導入することを目的としたものである。

7.2　再生可能エネルギー関連ビジネスの現状

日本における再生可能エネルギー関連ビジネスは、前述した「新成長戦略」や「新・国家エネルギー戦略」、「エネルギー基本計画」、「再生可能エネルギー特措置法」に後押しされる形で市場規模を拡大しつつある。これは日本に限らず、世界全体でみた場合も同様である。本章では再生可能エネルギー関連ビジネスの現状について述べる。

7.2.1 各種再生可能エネルギーの現状

(1) 太陽光発電

太陽光発電は、「太陽電池」と呼ばれる装置を用いて、太陽の光エネルギーを直接電気に変換する発電方式である。

1970年代のオイルショック以降、世界的に太陽光発電の導入が進み、2000年以降は地球温暖化対策の1つとして注目を集め、さらに導入が進んでいる。日本の太陽光発電の導入実績は、ドイツ、スペインとともに世界をリードしている。2009年末現在の日本国内における導入実績は262.8万kWであり、毎年着実に導入量が増加している(図表7.4)。全体の80%を占める住宅用太陽光発電システムの他に、近年は産業用や公共施設などのメガソーラーといわれる大規模発電システムの導入が進んでいる。

日本は2004年末まで世界最大の太陽光発電導入国であった。その後、固定価格買取制度(FIT:Feed-in Tariff)[1)]などの太陽光発電政策の整備により、導

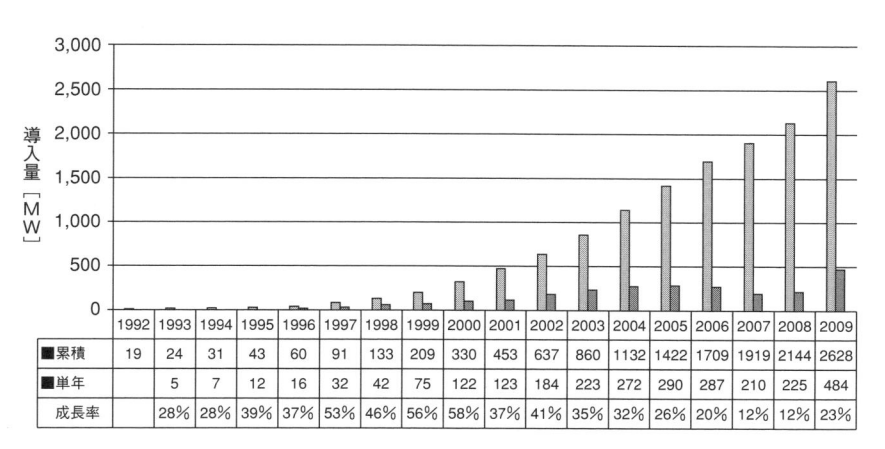

導入量[MW]	1992	1993	1994	1995	1996	1997	1998	1999	2000	2001	2002	2003	2004	2005	2006	2007	2008	2009
累積	19	24	31	43	60	91	133	209	330	453	637	860	1132	1422	1709	1919	2144	2628
単年		5	7	12	16	32	42	75	122	123	184	223	272	290	287	210	225	484
成長率		28%	28%	39%	37%	53%	46%	56%	58%	37%	41%	35%	32%	26%	20%	12%	12%	23%

(出典) 新エネルギー・産業技術総合開発機構(NEDO)『NEDO再生可能エネルギー技術白書』、2009年

図表7.4 日本の太陽光発電導入の推移(累年・単年)

---

1) 固定価格買取制度(FIT:Feed-in Tariff)とは、エネルギーの買い取り価格を法律で定める方式の助成制度である。主に再生可能エネルギーの普及拡大と価格低減の目的で用いられる。

入普及や技術開発に力を入れたドイツが導入量を急速に伸ばし、2005年には太陽光発電の全設備容量は、日本を抜いて世界首位となった。2008年にはドイツと同様に政策整備を行ったスペインは新規導入量が年間で275.8万kWと日本の22万kWの10倍程度となり、日本を抜いて同年世界第2位に大躍進した。2009年には単年度導入量が前年を2倍以上上回る48万kWと大幅に拡大したものの、全設備容量ではドイツ、スペインに次ぐ世界第3位となった（図表7.5）。

太陽電池の生産量でも2007年まで日本が世界トップ（シェア25%）であったが、中国、ドイツといったアジアや欧米メーカーが生産を拡大した結果、2009年はシェア12.6%へと低下し世界第3位となっている。

2009年の太陽電池メーカーの生産量世界ランキングでは、1位が米国のFirst Solar社であったが、2010年は昨年度2位であった中国のSuntechが1位となるなど、中国勢の生産量の伸びが近年著しい。日本はシャープと京セラが近年世界10位以内の常連となっている。

太陽光発電は今後も各国が力を入れる再生可能エネルギーであり、日本では「太陽光発電ロードマップ（PV2030+）」が策定されている。これは、2050年までに太陽光発電がCO_2排出量半減への一翼を担う主要技術になり、日本ばか

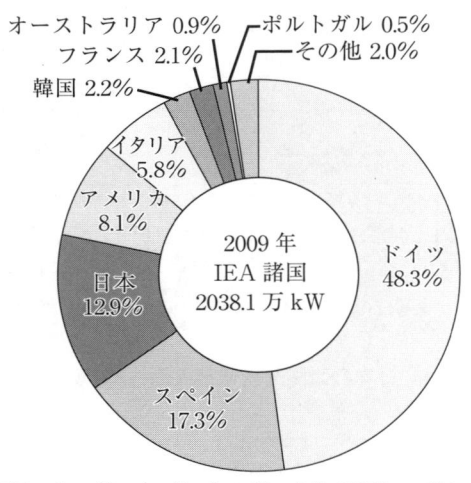

（出典） 資源エネルギー庁：『エネルギー白書2011』，p.106，第213-2-9

図表7.5　IEA諸国の太陽光発電設備容量（2009年）

りでなくグローバルに社会に貢献することを目的として、2004年に策定されたものを2009年に見直ししたロードマップである。2050年の国内一次エネルギー需要の5%〜10%を太陽光発電でまかなうことを目的とし、海外においてもエネルギー需要の3分の1程度の供給をできることを想定している。

太陽光発電は先述したFITなどの各国政府の支援により普及導入や技術開発が促進されているが、石油や石炭の化石エネルギーや他の再生可能エネルギーと比較し、発電コストが約40円／kWhと高い状況である。化石エネルギーと価格競争力をもつことをグリッドパリティというが、太陽光発電がグリッドパリティを実現するには、より一層の技術開発が必要となる。

（2） 風力発電

風力発電は風の力で風車を回し、その回転運動を発電機に伝えて電気を起こす発電方法である。

日本の風力発電設備の導入量は、2009年度末に総設備容量218万kWを超え、総設置基数1,683基を達成している（図表7.6）。また、2004年度末からは

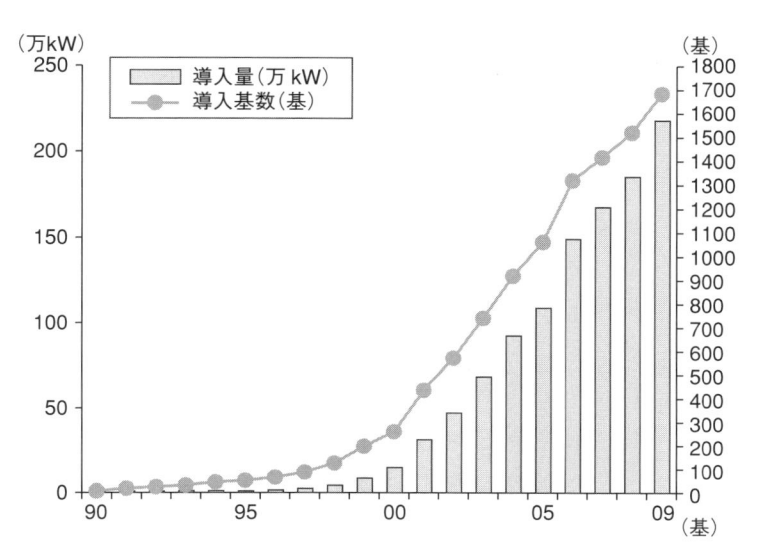

（出典） 資源エネルギー庁：『エネルギー白書2011』，p108，第213-2-15

図表7.6　日本の風力発電導入の推移

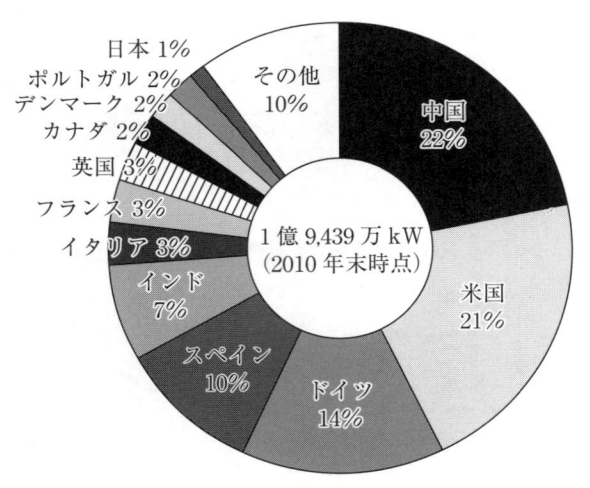

(出典) 資源エネルギー庁：『エネルギー白書 2011』、p108、第 213-2-17
図表 7.7　世界の風力発電導入量

1 基当たりの平均設備容量が 1,000kW を超えており、風力発電先進国と同様に風車の大型化が進んでいる。

　世界の風力発電導入量は順調に伸びており、2010 年末時点では 1 億 9,439 万 kW となっている。2009 年までは米国が導入量世界 1 位であったが、2010 年は中国が世界 1 位となり、ここでも中国勢の躍進を垣間見ることができる。日本の風力発電導入量は、世界第 12 位であり全体の 1％程度にすぎない（図表 7.7）。日本では地形や電力系統に余力がないため、風力発電設備の設置が進みにくいためである。

　風力発電メーカーは欧米企業が多く、2008 年時点では Vestas（デンマーク）、GE Energy（米国）、Gamesa（スペイン）の 3 社で世界市場の約 50％を占めている。日本メーカーでは国内風力発電最大手の三菱重工業が世界第 11 位であるが、海外と比較すると風力発電市場の規模が小さく、競争力を発揮できていない。ただし、技術力は世界に勝るものがあり、風力発電の部材である軸受では日本精工や NTN、炭素繊維での東レなどが世界的に活躍している。

（3）水力発電

　水力発電は、水の位置エネルギーと運動エネルギーを電力エネルギーに変換

する発電方式である。

　日本における水力発電所は 2009 年末時点で 1,914 ヵ所あり、発電設備容量は 4,797 万 kW、年間発電量は 838 億 kWh である（図表 7.8）。

　日本の世界市場における水力発電導入量は 5% で世界第 4 位であり、ここでも中国が世界第 1 位となっている（図表 7.9）。なお、2009 年に完成した中

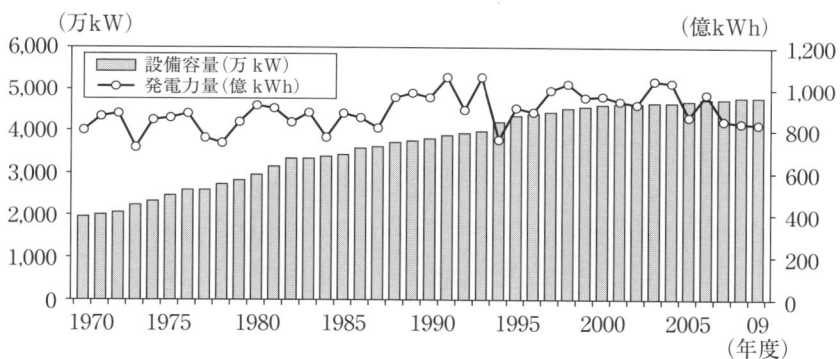

(出典)　資源エネルギー庁：『エネルギー白書 2011』, p.110, 第 213-2-20

図表 7.8　日本の水力発電設備容量および発電電力量

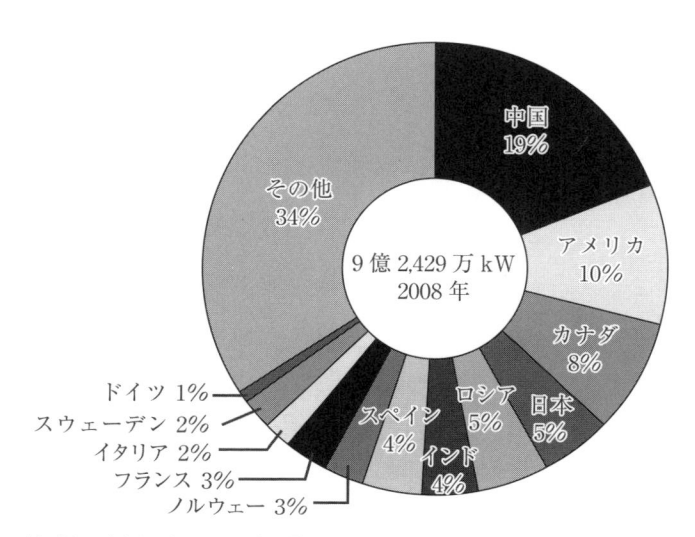

(出典)　資源エネルギー庁：『エネルギー白書 2011』, p110、第 213-2-21

図表 7.9　世界の水力発電導入量

国の三峡ダム水力発電所は、洪水抑制・電力供給・水運改善を主目的とした、1,820万kWの発電が可能な世界最大の水力発電所である。

(4) 地熱発電

地熱発電とは、地球内部の地熱貯留層から井戸を掘り、熱水と蒸気を取り出し、熱水と分離した蒸気をタービンを回して電力とする発電方式である。一般的に200〜300℃の熱水・蒸気を利用するのがフラッシュ式で、日本の地熱発電所の多くがこのフラッシュ式によるものである。他にはバイナリー式と呼ばれる発電方式があり、80〜150℃と低温の熱水・蒸気を利用するものである。

日本には2009年の時点では15ヵ所の地熱発電所があり、535MWの出力を生みだしている(図表7.10)が、いまだ80％程度もの地熱資源が未利用である。出力ポテンシャルは20,540MWあり、これは原子力発電所約20基分に相当するが、開発地の多くが国立公園内であるなどの制約があり開発が進んでいない。

日本の世界における地熱発電導入量は5％(2010年)で、世界第8位である。地熱発電ポテンシャルの高い、米国、フィリピン、インドネシアが世界市場の上位3位を占めている(図表7.11)。

地熱発電は火山や地震が頻繁に起こる地域での地下エネルギーを活用するものであるため、日本以外にも同じような特性をもつインドネシアや米国でも地

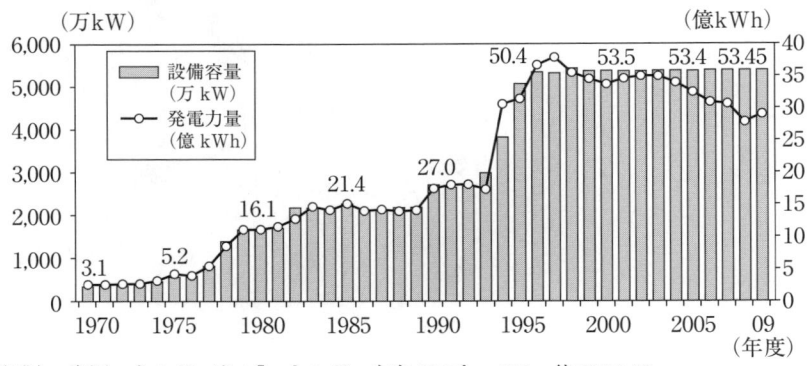

(出典) 資源エネルギー庁:『エネルギー白書2011』, p111、第213-2-22

図表7.10　日本の地熱発電設備容量および発電電力量

コスタリカ 1.5%
エルサルバドル 1.9%
その他 5.7%
日本 5.0%
アイスランド 5.9%
ニュージーランド 5.5%
イタリア 7.9%
メキシコ 8.9%
インドネシア 11.2%
フィリピン 17.8%
アメリカ 28.8%

2010年
1,071万kW

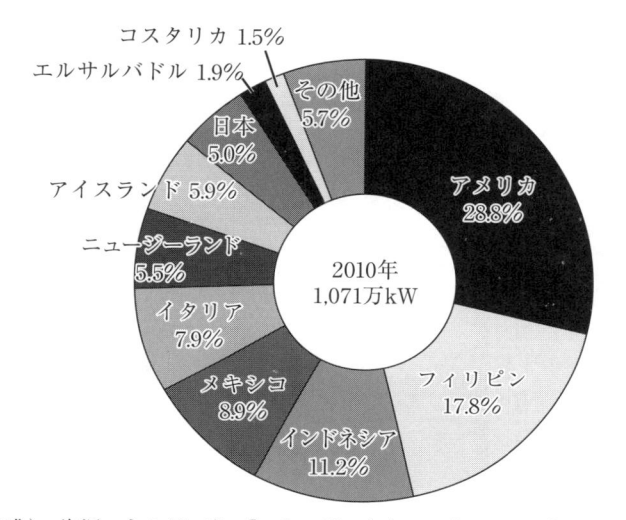

(出典) 資源エネルギー庁：『エネルギー白書2011』，p111、第213-2-23

図表7.11　世界の地熱発電導入量

熱資源量が豊富にある。今後もこれら地域での開発が進んでいくと思われる。

(5)　バイオマス発電

　バイオマス発電は、薪や植物油などの生物由来のエネルギー資源を活用する発電方式である。エネルギー資源となるものは幅広くあり、大きくは未利用系資源、廃棄物系資源、生産資源の3つに分類される。

　日本の2009年度のバイオマスエネルギー利用は、原油換算で454万klであり、一次エネルギー国内供給量に占める割合は0.81%である。多く利用されているバイオマス資源は、廃棄物系資源の木質系バイオマスと製紙工場系バイオマスである(図表7.12)。

　また、日本政府2002年発表の「バイオマス・ニッポン総合戦略」において、地球温暖化対策や資源循環の観点からバイオマス活用がうたわれ、2010年には「バイオマス活用推進基本計画」が策定された。

7.2.2　再生可能エネルギー関連ビジネスのプレーヤー

　「再生可能エネルギー関連ビジネス」とは、再生可能エネルギーの発電によ

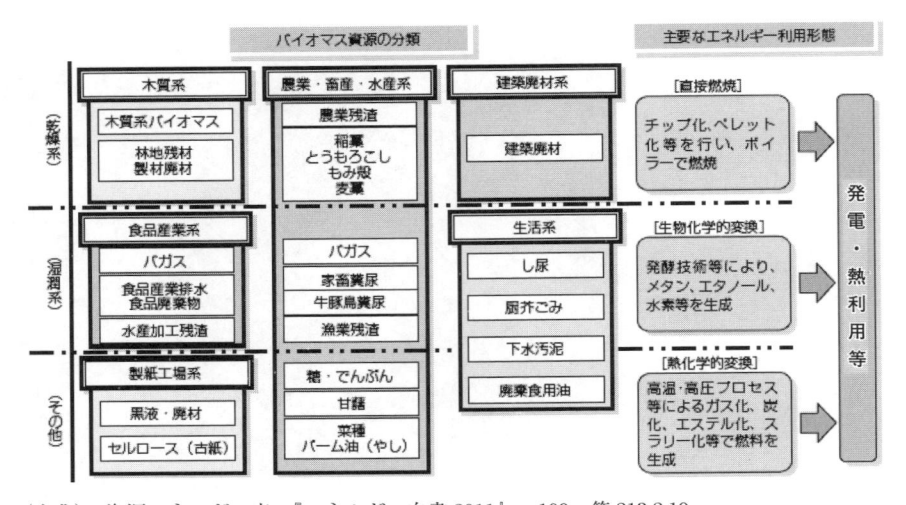

(出典) 資源エネルギー庁：『エネルギー白書 2011』，p109、第 213-2-19

図表 7.12　バイオマス資源の分類および主要なエネルギー利用形態

る事業である。情報通信事業者であるソフトバンクが 2011 年に太陽光発電ビジネスに参入したほか、電力会社や商社、メーカーなどが国内外を問わず再生可能エネルギービジネスを行っている（図表 7.13）。特に国内企業における海外展開は大規模なビジネスが続いており、地球温暖化対策である CDM 事業や二国間オフセット・クレジット制度の実現可能性調査としても展開されている。

(1)　国内企業における国内での再生可能エネルギー関連ビジネス事例

国内では 2011 年 3 月の震災以降、再生可能エネルギービジネスは大きな広がりを見せている（図表 7.14）。今までは各事業者が単体でビジネス展開を行っていたが、政府や地方自治体と連携し、スマートシティやスマートコミュティといった再生可能エネルギーを効率よく活用する都市づくりや街づくりのビジネスが増加している。

(2)　国内企業における海外での再生可能エネルギー関連ビジネス

海外でのビジネス展開に関しては、京都議定書による CDM 事業や、今後普及する可能性のある二国間オフセット・クレジット制度の実現可能性調査とし

図表 7.13 再生可能エネルギービジネスの主要プレーヤー

業種	ビジネスモデル	国内企業例
電力・エネルギー	◇自ら発電事業を行う	東京電力、関西電力、東北電力、九州電力、コスモ石油、昭和シェル石油、電源開発など
商社	◇発電事業や、エンジニアリング会社やメーカーのオリジネーターを務める	三菱商事、三井物産、住友商事、丸紅など
エンジニアリング	◇発電事業や、発電プラントの設計、購買建設を請け負う	JFEエンジニアリング、東洋エンジニアリングなど
メーカー	◇今まで培ってきた技術によって、太陽光パネルや風力発電設備、地熱発電設備等の製造販売を行う	三菱重工業、シャープ、富士電機、京セラ、三菱マテリアルなど
コンサルティング	◇事業者が国内または海外にて再生可能エネルギービジネスを行う際の、基礎調査やビジネスコンサルティングを行う	三菱UFJリサーチ&コンサルティングなど
金融機関	◇事業者が国内または海外にて再生可能エネルギービジネスを行う際の投融資を行う ◇場合によってはプロジェクトにも出資・参画する	国際協力銀行(JBIC)、三菱東京UFJ銀行、三井住友銀行など

(出典) MURC作成

て大規模に進められているものが多い。また、海外で日本企業が再生可能エネルギービジネスを展開する場合には、対象国の政策課題に合致していることがほとんどである(図表7.15)。例えば、インドネシアは世界最大の地熱エネルギー保有国だが、地熱発電の利用率は約4.5%、発電設備容量にして約1,200MWに留まっている。このような状況下、インドネシア政府の第二次電源開発計画では、豊富な地熱エネルギーの早期開発・有効利用を目的に、地熱発電設備容量を2014年までに約4,000MW、2025年までに9,500MWまで引き上げる計画がある。このように対象国政府が掲げる政策課題を把握し、日本企業の環境エネルギー技術により経済発展に協力していくことがポイントとなる。

図表 7.14　国内企業による国内展開事例

①昭和シェル石油「太陽光発電ビジネス」
新潟県と昭和シェル石油は、新潟県の補助事業ならびに一般社団法人新エネルギー導入促進協議会の「地域新エネルギー等導入促進事業」を活用した雪国型メガソーラー（大規模太陽光発電所）の運営を 2010 年 8 月に開始した。雪国型メガソーラーは、日本初の商業発電施設として、旧製油所跡地を活用した施設である。当施設は出力 1,000kW（一般住宅約 300 軒分相当）の発電を行い、発電した電力は、東北電力を通じて近隣地域へ供給している。ソーラーフロンティア株式会社（昭和シェル石油 100％子会社）が生産する CIS 太陽電池を使用する。
②東芝「風力発電ビジネス」
東芝は愛知県田原市において、三井化学など 6 社と共同で、国内最大規模の太陽光・風力発電所を計画するための「たはらソーラー・ウインド共同事業」に参加し、各社と事業化検討を実施することについて基本合意した（2011 年 10 月）。発電能力 50 MW の太陽光発電所、6 MW の風力発電所を建設し、太陽光発電・風力発電事業を行う。発電した電力は、再生可能エネルギー推進特別措置法に基づき、全量を中部電力へ販売する。
③電源開発、三菱マテリアル、三菱ガス化学「地熱発電ビジネス」
電源開発、三菱マテリアルおよび三菱ガス化学の 3 社は共同出資により 2010 年 4 月に湯沢地熱株式会社を設立した。秋田県湯沢市山葵沢・秋ノ宮地域にて地熱開発調査を行い、地熱発電所新設計画（仮称 山葵沢地熱発電所）を策定した。2015 年に工事開始し、2020 年の運転開始を目指す。発電出力規模は 42,000kW 級となる。
④東京発電「マイクロ水力発電ビジネス」
東京発電（東京電力グループ）は、川崎市や横浜市などの地方自治体の上水道による水エネルギーを活用し、発電ビジネスを行っている。このようなマイクロ水力から従来型のダム式による大規模な水力発電により、全国 65 カ所、総出力 18 万 3,010kW の水力発電所を 24 時間体制で監視・制御し、年間約 9 億 kWh の電力をつくり続けている。
⑤住友大阪セメント「バイオマス発電ビジネス」
住友大阪セメント栃木工場では木質バイオマスを主燃料とするバイオマス発電設備を導入し、2009 年 4 月より本格稼動を始めている。木質バイオマス発電（出力 25,000kW）は、木質バイオマスを主燃料とする火力発電設備であり、NEDO の「新エネルギー事業者支援補助事業」にも認定されている。以前は重油を燃料とするディーゼル発電および購入電力によりエネルギーを賄っていたが、木質バイオマス発電の稼動により、同工場での自家発電比率はほぼ 80％となった。ディーゼル発電の廃止などにより、年間およそ 91,000 トンの CO_2 排出量の削減を見込んでいる。

（出典）　各社 HP より MURC 作成

図表 7.15　国内企業による海外展開事例

①三菱商事「太陽光発電ビジネス」
三菱商事は、太陽光発電事業において、原料調達からセル・モジュールの販売、発電ビジネスまで、バリューチェーン全体におけるビジネスの構築に取り組んでいる。2009年3月には、世界トップの総合新エネルギー事業会社であるアクシオナ（本社：スペイン）が開発した太陽光発電事業に参画した。ポルトガルのモーラ地区において、太陽光発電所では世界最大規模となる45.8MWの発電を行っている。
②三菱重工業「風力発電ビジネス」
三菱重工業は、米国の大手発電ディベロッパー AES Wind Generation のグループ会社であるマウンテンビューパワーパートナーズⅣ社（Mountain View Power Partners IV, LLC）から大型風力発電設備49基（総発電出力4万9,000kW）を受注した。同社がカリフォルニア州パームスプリング市で進める大規模風力発電プロジェクトに採用され、パームスプリング市のサイトに隣接して設置し、地域の電力を賄うこととなる。
③住友商事、富士電機「地熱発電ビジネス」
住友商事は、インドネシア国営電力会社 PT. PLN（Persero）より総出力110MWのウルブル地熱発電所1号機、2号機の土木据え付け込み一括請負工事契約を受注した。主機である地熱蒸気タービン、発電機は富士電機システムズが製造・納入し、同国現地大手エンジニアリング会社レカヤサインダストリ社が土木・据え付け・送電線工事を請け負う。プロジェクト資金は独立行政法人国際協力機構（JICA）の円借款を利用し、地熱発電所向け円借款としては最大規模となる。住友商事は富士電機システムズおよびレカヤサと組み、インドネシアにおける地熱発電プロジェクトに注力している。これまでに7件約530MWの受注実績があり、インドネシアにおける建設中・完工済み地熱総発電設備全体の約50％を占めることとなる。また、ニュージーランド、フィリピン、アイスランドなどでも多数の納入実績がある。地熱発電用タービンの製造は日本の重電メーカーが得意としており、富士電機システムズは、地熱発電用蒸気タービンの納入実績において過去10年間で約40％（2010年2月現在）と、世界のトップクラスのシェアを誇っている。
④東京電力「水力発電ビジネス」
東京電力と東京電力グループの東電設計は、ベトナムの水力発電事業会社ビエトラシメックス・ラオカイ・エレクトリック社とともに、ベトナム北西部ラオカイ省において、タタン6万kW水力発電CDMプロジェクトを進めている。このプロジェクトにより発電された電力をベトナム北部電力系統の電力の一部として供給することで、2012年までに合計約30万tのCO_2排出量の削減効果を見込んでいる。これまでに東京電力がプロジェクトの実現可能性調査を、東電設計が設備の詳細設計を行うなど、東京電力グループの技術力を活用してプロジェクトを進めている。
⑤東北電力「バイオマス発電ビジネス」
ハンガリー共和国において地元企業と合弁会社を設立して建設を進めていた南ニールシェグ・バイオマス発電所（出力19,000kW）の営業運転を開始した。本プロジェクトは、木質チップを燃料としたバイオマス発電により、化石燃料を代替することでCO_2の排出削減を図るものであり、京都メカニズムの共同実施（JI）事業として、2006年3月に民間企業として日本初の政府承認を取得している。これにより当社は、2012年までに約32万トンのCO_2クレジット獲得を見込んでいる。ハンガリー政府からは地球温暖化問題に貢献することに加えて、地元産業の振興や雇用の創出にも大きく寄与することから高く評価されている。

（出典）　各社 HP より MURC 作成

7.3　再生可能エネルギー関連ビジネスのゆくえ

　再生可能エネルギービジネスはまだ始まったばかりである。資源エネルギーの国際的な枯渇や、地球温暖化対策、自国の環境エネルギー技術・インフラ輸出として世界中で大きなビジネスチャンスが広がっている。日本や欧州、米国のような先進国は1990年代から再生可能エネルギーに着目し、政策や法規制の整備を進めてきた。近年は、中国やインドなどのCO_2多量排出国の新興国でも、再生可能エネルギーの導入の動きが盛んになりつつある。今後は今まで以上に世界的な再生可能エネルギービジネス市場が拡大していくと同時に、ビジネス参入を目指す世界の競合が多くなってくる。すでに中国の太陽光パネルメーカーが世界上位10社のうち4社を占めるなど、新興国によるビジネスが急成長を遂げている。

　「新成長戦略」で掲げる「環境・エネルギー大国」目標を達成するためには、日本は産官学や企業連合体の総力戦で海外展開する必要がある。また、海外現地でビジネスを行う際には、日本企業のみならず現地企業とも連携をし、協働してビジネスを行うことが大切なポイントとなる。

　自国の利益だけを追求するのではなく、世界の経済成長と地球温暖化対策の切り札として、日本はこれまで以上に技術開発を推進し、世界の再生可能エネルギービジネス市場を牽引する役目を担うことが望まれる。

第7章の参考文献

[1]　『エネルギー白書2011』，資源エネルギー庁，2011年．
[2]　経済産業省webサイト「新たなエネルギー基本計画の策定について」
　　　http://www.meti.go.jp/committee/summary/0004657/energy.html
[3]　経済産業省webサイト「新・国家エネルギー戦略について」
　　　http://www.meti.go.jp/press/20060531004/20060531004.html
[4]　首相官邸webサイト「新成長戦略」
　　　http://www.kantei.go.jp/jp/sinseichousenryaku/
[5]　資源エネルギー庁webサイト「エネルギー供給構造高度化法について」
　　　http://www.enecho.meti.go.jp/topics/koudoka/index.htm

[6] 経済産業省 web サイト「電気事業者による再生可能エネルギー電気の調達に関する特別措置法案について」
http://www.meti.go.jp/press/20110311003/20110311003.html
[7] 独立行政法人新エネルギー・産業技術総合開発機構:「NEDO 再生可能エネルギー技術白書(平成 22 年 7 月)」, 2010 年.
[8] 独立行政法人新エネルギー・産業技術総合開発機構:「太陽光発電ロードマップ(PV2030+)」, 2009 年 6 月.
[9] 「新エネルギー部会資料」, 経済産業省.
[10] 早稲田聡:『図解 新エネルギー早わかり』, 中経出版, 2011 年.

第8章 廃棄物関連ビジネス

8.1 廃棄物関連ビジネスの背景

8.1.1 廃棄物関連ビジネスとは

廃棄物関連ビジネスとは、不要物の引取りや処理を行って手数料を得るほか、再生資源の売却によって利益を得るビジネスである。

ビジネスとしての廃棄物処理およびリサイクルの歴史は古く、我が国の場合、すでに江戸時代には芥取り業者の存在があった。当時、江戸の町は芥取り業者と話し合って芥銭を払い、当の業者は、幕府が指定する東京湾の埋立地にごみを運搬していたほか、ごみの中で肥料芥、金物芥、燃料芥として再利用できるものは途中で選別のうえ、農家、鍛冶屋、および湯屋に売却していた。

ごみ処理職員が兵士に取られるなどしてごみ処理に要する人手の削減を意図した第2次世界大戦中を除き、戦後の高度成長期にいたるまでリサイクルを行う一番の動機は、資源の節約と再生資源の売却による経済的効果であった。廃棄物関連ビジネスは、こうした再生資源の売却益といった経済的効果のほか、不要物の引取りおよび処理にかかわる手数料収入といった経済的効果への期待があり、これら2つの経済的効果への期待がその特徴となっている。

8.1.2 廃棄物関連ビジネスの範囲と特徴

廃棄物関連ビジネスは、廃棄物処理法に定められた廃棄物処理業者(収集、運搬、処理)の範囲にとどまらず、製錬業などの素材産業などもその範囲の中

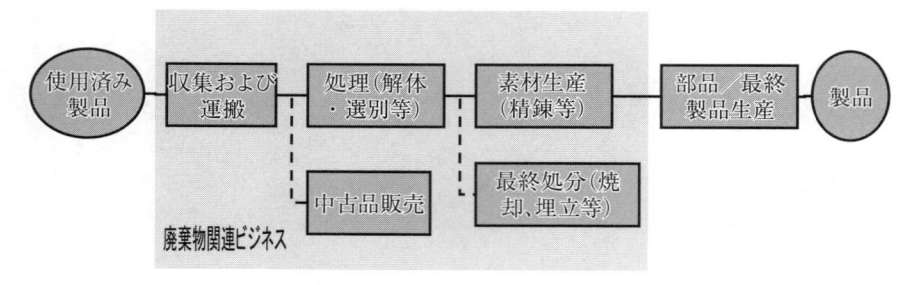

図表 8.1　使用済み製品の発生から再び製品に戻るまでの流れ

に含む(図表8.1)。これは再生資源として回収、選別されたものを再び原料としてリサイクルするためには、製錬業や化学産業などでの処理プロセスが必須となるためである。

　また、当然のことながら、当初より価値が高く、有価物としての取引が可能なものや、従来から再生利用されることが確実視されている「専ら物(もっぱら再生利用の目的となる廃棄物)」のような使用済み製品を取り扱う場合においては、廃棄物処理法に定める事業の許認可を有していなくとも廃棄物関連ビジネスの範囲に含まれることになる。まだ使うことのできる使用済み製品を中古品(古物)として販売する行為についても3Rのうちの「リユース(Reuse)」に関連した行為であると捉えれば、廃棄物関連ビジネスの1つとみなすことができる。同様に製造業における歩留まり向上「リデュース(Reduce)」を支援するようなビジネスがあるとすれば、これも広い意味での廃棄物関連ビジネスの1つであるといえる。

　使用済み製品の発生から処理、素材生産を経て、再び製品として生まれ変わるまでのサプライチェーンを見た場合、廃棄物関連ビジネスは大きく①収集および運搬、②処理(解体・選別等)、③素材生産(製錬等)の3段階に分けることができる。

　廃棄物関連ビジネスといえば、廃棄物の収集や運搬、またその処理を中心に行う業種とのイメージが強いが、電炉製鋼(鉄スクラップをもとに鉄鋼製品を生産)、製錬(各種金属スクラップや鉱石から金属製品を生産)、製紙(古紙(故紙)をもとに製紙)、セメント生産(焼却灰や飛灰からセメントを生産)といった

従来から素材生産を担ってきた事業者も廃棄物関連ビジネスの重要な一角を担っている。これまでバージン原料(非再生原料)を用いていたところ、その一部や全部を再生原料に置き換えることで廃棄物関連ビジネスへと参入しているケースが多い。

廃棄物関連ビジネスへの参入動機としては、廃棄物の適正処理による手数料収入への期待と再生資源の売却収入への期待があると述べたが、これはすなわち廃棄物関連ビジネスが生み出す付加価値の対価そのものでもある。部品や最終製品の生産といった動脈側産業とは異なり、廃棄物関連ビジネスという静脈側産業では、加工した製品(再生品)を動脈側に還流させなければいけないという運命にある。静脈側産業の製品であっても、販売されるのは動脈側の市場ということである。そのため、自らの意思とは無関係に動脈側産業の市場価格へ再生品の販売価格を追従させなければいけないという制約がある。また、コモディティとして流通可能な再生品を市場へ送り込む場合、コモディティであるがゆえに独自の販売先を確保しなければならないなどといった苦労から解放されるという利点もある。

一方、量的にも品質的にも安定した廃棄物発生源の確保がしばしば廃棄物関連ビジネスを成功させる上での生命線となる。リサイクル事業を拡大させようとする事業者の多くは、排出者からの「玉集め(スクラップや各種くず類の確保)」に注力するがそれはこのためである。玉集めのために同業同士が激しい競争を繰り広げることから、一般には回収量が大きい事業者ほど購入単価も高くなる傾向がみられる。これは、いわば「薄利多『買』」によって原料調達を安定的に行い、ある程度まとまった量での取引を定常的に確保しながら、事業運営を安定化させようとする経営方針に起因するものとみられる。

8.1.3　廃棄物関連ビジネス発展の背景

廃棄物関連ビジネスへの参入動機が、廃棄物の回収やその適正処理で得られる手数料収入と再生資源の売却益にあるとすれば、適性処理が求められる廃棄物の種類や手数料の相場、また売却可能な再生資源の種類やその相場が変化することで、廃棄物関連ビジネスの内容も変わることになる。実際、第2次世界大戦後の高度成長期には我が国の生活様式が大きく変化し、都市部から大量の

事業所および家庭ごみが発生するようになったため、埋立地の不足が目立つようになり、埋め立てる廃棄物の削減を目的としたリサイクルの必要性が叫ばれるようになった。結果として、容器包装のリサイクルを定めた法律をはじめとして、リサイクルに関する各種法律が制定され、各種廃棄物の回収やリサイクルに関係したビジネスが発生することとなった。

21世紀に入ると、東西冷戦の解消や中国のWTO加盟といったできごとにより、物流の国際化（グローバリゼーション）が進み、廃棄物の適正処理やリサイクルといった問題がより国際的な性質を帯びるようになった。製造業の海外進出にともない、現地で発生する工程くずやオフスペック品（規格外品など）の適正処理、またリサイクルを目的としたビジネスもこのような社会背景をきっかけに発展した。

その後、中国などの新興国における工業化と都市化が進むにつれ、世界で各種資源の消費量が急増し、多くの鉱物資源は、その価格が上昇するようになった。鉱物資源の多くは探査からその生産開始までに数年〜十数年近い年月を要するのが一般的であり、消費量の急増にはすぐには対応できないことから、価格弾力性は低い。需要家に対する優位性を背景として、資源国等が実施する各種の生産抑制や輸出管理強化（いわゆる「資源ナショナリズム」）も目立つにようになり、リサイクルは資源の安定調達確保の手段として脚光を浴びることになった。これまで抽出および選別コストが見合わなかった各種レアメタルについても回収や精錬に関係したビジネスが活発になっている。

8.1.4　日本の廃棄物処理法における廃棄物関連ビジネスとは

我が国では、廃棄物の適正処理およびリサイクルの促進に向けた基本法として「循環型社会形成推進基本法」を定めており、ここに3R（Reduce／ごみの発生抑制、Reuse／繰り返しての利用、Recycle／再資源化）の重要性が明記された。適正処理やリサイクルの推進に向けた仕組みは「廃棄物の処理および清掃に関する法律（廃棄物処理法）」および「資源の有効な利用の促進に関する法律（資源有効利用促進法）」に定められ（図表8.2）、個別物品の特性に応じた法律として「容器包装に係る分別収集および再商品化の促進等に関する法律（容器リサイクル法）」、「特定家庭用機器再商品化法（家電リサイクル法）」、「食

```
                    H13.1 施行
    ┌─────────────────────────────┐   ┌─────────────────┐
    │ 循環型社会形成推進基本法（基本的枠組み法）├───┤社会の物質循環の確保│
    │                             │   │天然資源の消費の抑制│
    │ ○基本原則、○国、地方公共団体、事業者、国民の責務、○国の施策│   │環境負荷の低減   │
    │    循環型社会形成推進基本計画：国の他の計画の基本       │   └─────────────────┘
    └─────────────────────────────┘
```

〈廃棄物の適正処理〉 　　　　　　　　　　　　　　　〈3Rの推進〉

〔一般的な仕組みの確立〕

廃棄物処理法（H18.6 改正）
① 廃棄物の適正処理
② 廃棄物処理施設の設置規制
③ 廃棄物処理業者に対する規制
④ 廃棄物処理基準の設定
⑤ 不適正処理対策
⑥ 公共関与による施設整備等

資源有効利用促進法（H13.4 施行）
① 副産物の発生抑制・リサイクル
② 再生資源・再生部品の利用
③ リデュース・リユース・リサイクルに配慮した設計・製造
④ 分別回収のための表示
⑤ 使用済製品の自主回収・再資源化
⑥ 副産物の有効利用の促進

〔個別物品の特性に応じた規制〕

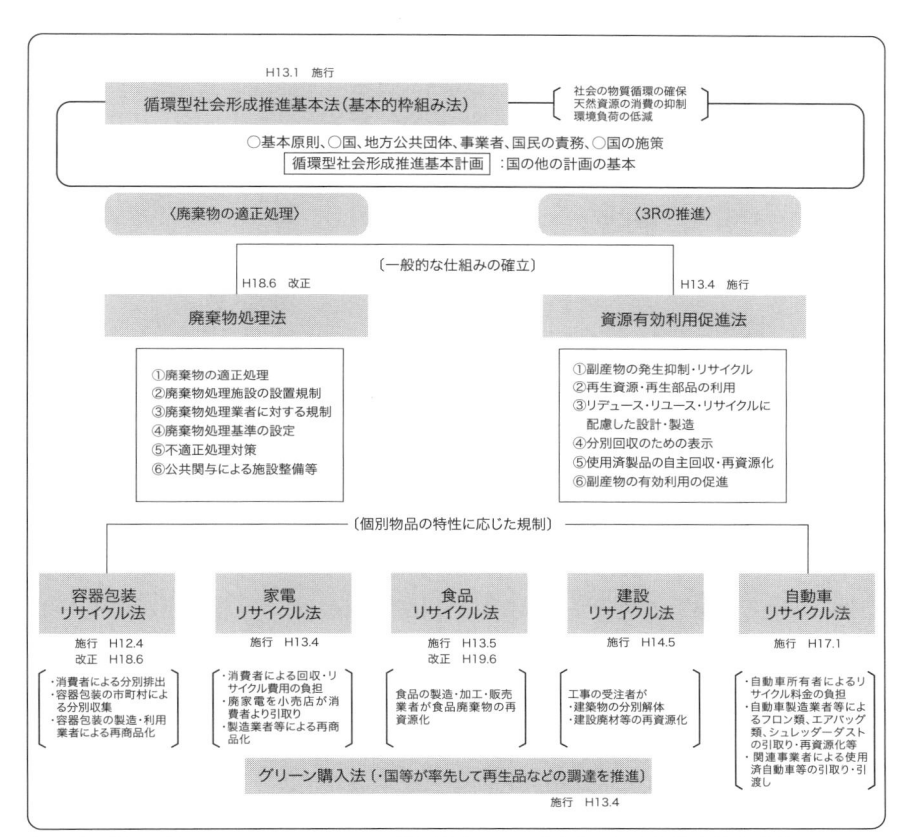

容器包装リサイクル法 施行 H12.4 改正 H18.6
・消費者による分別排出
・容器包装の市町村による分別収集
・容器包装の製造・利用業者による再商品化

家電リサイクル法 施行 H13.4
・消費者による回収・リサイクル費用の負担
・廃家電を小売店が消費者より引取り
・製造業者等による再商品化

食品リサイクル法 施行 H13.5 改正 H19.6
食品の製造・加工・販売業者が食品廃棄物の再資源化

建設リサイクル法 施行 H14.5
工事の受注者が
・建築物の分別解体
・建設廃材等の再資源化

自動車リサイクル法 施行 H17.1
・自動車所有者によるリサイクル料金の負担
・自動車製造業者等によるフロン類、エアバッグ類、シュレッダーダストの引取り・再資源化等
・関連事業者による使用済自動車等の引取り・引渡し

グリーン購入法（・国等が率先して再生品などの調達を推進） 施行 H13.4

(出典)『資源循環ハンドブック 2010 法制度と 3R の動向』，経済産業省技術環境局リサイクル推進課，2010 年 8 月

図表 8.2 循環型社会の形成の推進のための法体系

品循環資源の再生利用等の促進に関する法律（食品リサイクル法）」、「建設工事に係る資材の再資源化等に関する法律（建設工事に係る資材の再資源化等に関する法律）」、「使用済自動車の再資源化等に関する法律（自動車リサイクル法）」が定められた。

廃棄物処理法では、適正処理が求められる廃棄物の範囲のほか、処理施設の設置規制、処理事業者に対する規制、処理基準の設定などを定めている。この法律では、廃棄物の回収や処理に携わる事業者に対し、法律に基づく事業許可を受けるように要求している。有価物でないもの（引渡し側が輸送費を負担し、

見かけ上有償で譲り渡されているものも含む)を廃棄物とみなすことから、一般に十分な選別がすんでおらず、また各所に分散しているような価値の低い使用済み製品の取扱いについては、この法律に基づく事業許可を得る必要がある。なお、有価物として取引される使用済み製品や、解体・選別工程を経ることで価値が高まった使用済み製品からの部品や材料、このほか歴史的経緯から再生が確実視される廃棄物(もっぱら再生利用の目的となる産業廃棄物または一般廃棄物)については、必ずしもこの限りではない(図表8.3)。

　廃棄物関連ビジネスにおいては、さまざまな廃棄物を同時に取り扱うことが多いため、事業者としては廃棄物処理法に基づく許認可を受けている場合がほとんどであるが、許認可の対象外とされているもの(有価物など)も廃棄物関連ビジネスにおいて重要な商材となる。

　廃棄物処理法は、廃棄物関連ビジネスへ参入するに際しての各種許認可を定めた法律であるが、資源有効利用促進法や個別の各種リサイクル法は、廃棄物を発生させる事業者の処理責任を定めた法律であり、これら法律の存在が廃棄物関連ビジネスを拡大させる背景となっている。資源有効利用促進法および各種リサイクル法は、多くの場合、製造業に何らかの回収義務および処理義務を課している。これら製造業に対して提供できる使用済み製品の回収や処理の支援サービスを拡大できれば、廃棄物関連ビジネスの市場を広げることになる。

8.1.5　廃棄物関連ビジネスの発展要素

　廃棄物の回収・処理で得られる手数料収入と再生資源の売却で得られる収益の内容や程度は国・地域によってさまざまであり、概して製造業に厳しい排出者責任を負わせている国・地域ほど、製造業に対する各種サービス(廃棄物の回収や適正処理など)のニーズも大きく、廃棄物関連ビジネスのチャンスも大きいと見られる。一部では、技術流出をおそれるメーカーが、機能破壊を徹底するために使用済み製品や不良品の回収、適正処理を行う場合があり、このようなところにも廃棄物関連ビジネスのチャンスは存在する。

　再生資源は地金や板紙などといったコモディティにしばしば加工されることが多く、再生資源の売却による収益確保という点では、ローカルな要素よりもグローバルなコモディティ相場の動向に左右される傾向にある。資源価格が高

(出典) 環境省ホームページなどを参考に筆者作成

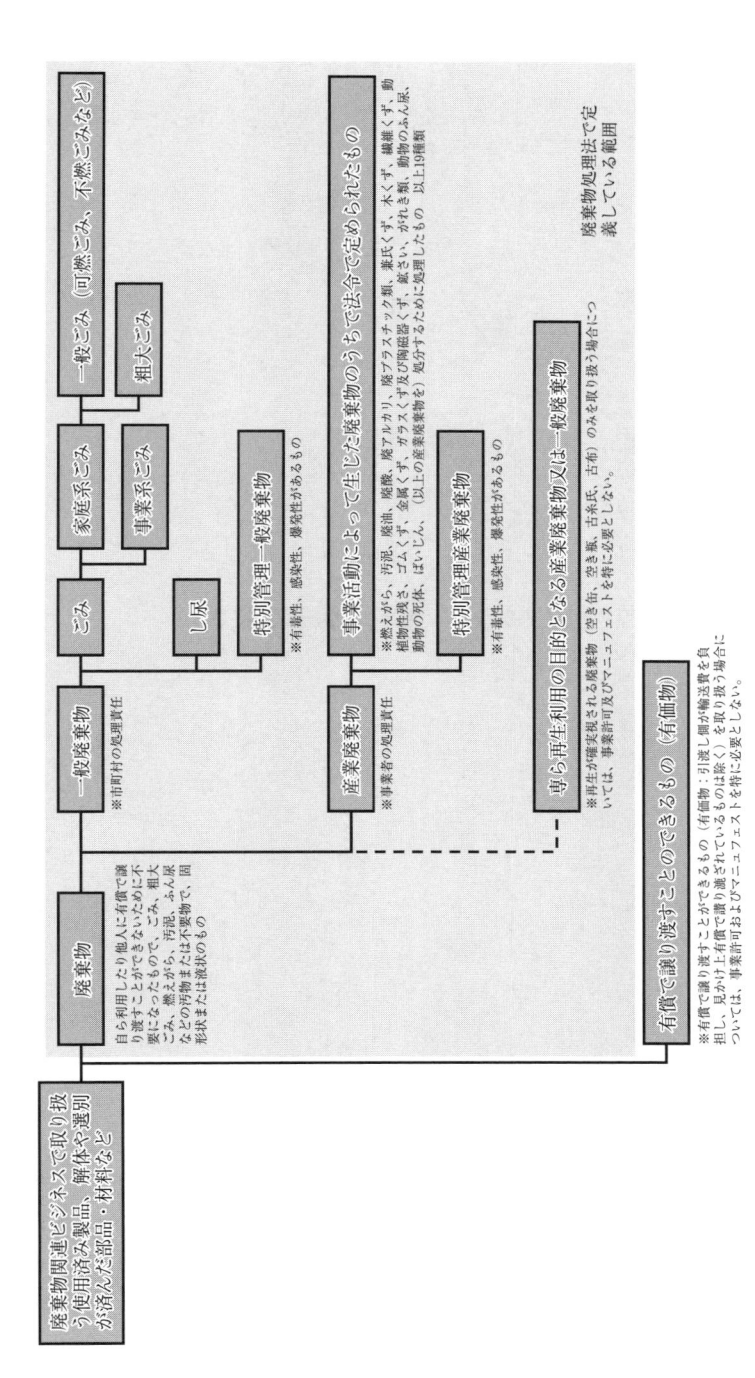

図表 8.3　廃棄物処理法における廃棄物の定義

騰する時期などは、それまで選別、回収されていなかったような金属などが回収されるようになり、にわかに廃棄物関連ビジネスの市場が活気づくということがしばしばある。

このように廃棄物関連ビジネスの発展は、廃棄物の排出者に対するその国・地域の社会的要請（適正処理を行わせようとする各種規制や世論など）や，また再生資源としての価値によって大きく左右されるところがあり、その国・各地域の事情やその時々の社会背景を強く反映したものとなっている。

8.2 廃棄物関連ビジネスの現状

以下に主な廃棄物関連ビジネスの現状、特にプレーヤーと今後の課題や展望を整理する。

8.2.1 金属リサイクル（金属スクラップ問屋・製錬事業者）

金属スクラップ（以下、簡略化のため「くず」と表記する）の多くは有価で売却できることから、古くから存在していた廃棄物関連ビジネスの1つである。特に安定かつ一定規模以上の排出を期待することのできる鉄くず、故銅（銅くず）、軽金属としての需要が出てきた頃からはアルミニウムくずがその代表格である。また、少量でも単価がきわめて高く、高い売却収益を期待することのできる貴金属類についても盛んにリサイクルが行われている。これら以外の金属くずは、回収できる量が少ない、各所に存在していても流通上の課題から回収することが難しい、解体などで手間がかかり過ぎるなどの理由によりその回収およびリサイクルは小規模にとどまっている。

鉄くずのリサイクルにおいては、鉄くずを回収する鉄くず問屋が存在し、しばしば使用済み自動車や各種使用済み各種製品の解体業など、鉄くずがまとまって得られる業務も同時に展開していることが多い。亜鉛めっきの有無、その他非鉄金属の混入有無などをチェックのうえ、ステンレスなどといった合金種別に応じて選別を行い、これを電炉事業者などに販売している。なるべく大量の鉄くずを収集し、さまざまな基準に従って効率よくかつ厳密に選別することが鉄くず問屋の付加価値の源泉となる。電炉事業者は鉄くずを熔解して鉄鋼製

品を再び生産する事業者であるが、ここでは微量ながらも混入する不純物の成分管理や熔解に要するエネルギーコストなどをいかに抑えるかが付加価値の源泉となる。

　故銅やアルミニウムくずのリサイクルにおいても鉄くずとほぼ同じような産業構造が見られるが、スクラップ取扱量を大きくしたほうが事業経営は安定化しやすいという産業特性もあり、しばしば特定の金属に特化した形で事業が営まれている。故銅やアルミニウムくずを専門に取り扱う事業者が存在する。これはその他の貴金属やレアメタルについても同様である。非鉄金属も鉄同様、さまざまな金属くずを不純物の含有程度や合金種別などに応じて、いかに効率よく、またなるべく細かに選別するかが、非鉄金属くず問屋の腕の見せ所である。また、使用済み製品の年代やメーカー種別に応じてどのような非鉄金属が含まれているのか見きわめるためのノウハウも競争力の源泉となっている。金属へとリサイクルするプロセスは主に製錬事業者が担っているが、ここでは不純物の成分管理や再生にいたるまでの手間やコストの削減が付加価値の源泉となっている。

8.2.2　プラスチックリサイクル（樹脂メーカー）

　容器包装リサイクルの促進にともなって発展したビジネスであり、その歴史は比較的新しいといえる。飲料容器などに多用されるPET樹脂をはじめ、われわれの生活ではさまざまな樹脂製品が用いられている。容器包装のリサイクルでは自治体などが使用済みPETボトルなどを回収し、これを回収事業者などに入札方式で売却する方式を採っていることが多く、樹脂くずの回収事業者は、このほかに各種使用済み製品の解体や工場から発生する端材なども回収のうえ、これを樹脂種類ごとに選別して、燃料や樹脂原料として売却している。原料としてのリサイクルを行う場合、繊維原料などへリサイクルされることが多いが、樹脂は高品質のものが安価で大量に供給されているため、これと同じような品質水準、また価格水準で販売することは容易ではない。そのため、回収された樹脂くずは、サーマルリサイクル（燃焼させて熱を回収する）に回されることが多い。

　容器包装リサイクルでは使用済みPETボトルなどを自治体が回収し、これ

を入札で一番高値を提示した回収事業者に対して販売することが多いが、日本ほど樹脂くずの品質が高くはない国でしばしば高く売却できるため、海外の回収事業者が高値で落札するケースが相次いでいる。容器包装リサイクル法の趣旨では、国内リサイクルを原則としているため(排出者責任は我が国側にあるため)、政府ではこのような動きを問題視している。

樹脂くずの燃焼発熱量は通常の燃料と遜色ないほどの高さであるため、サーマルリサイクルに回されることが多く、原料リサイクルを行うにはバージン原料との価格競争が厳しいことから、さまざまな技術課題を解決する必要がある。

8.2.3　焼却灰等のリサイクル(清掃工場・セメント事業者)

高度成長期に入って自治体におけるごみ処理量が増え、熔融炉などでの焼却処理が増えてきたことで発展してきた廃棄物関連ビジネスの1つである。自治体の焼却炉で発生した焼却灰・飛灰、スラグなどをセメント事業者がセメント原料として引き取ることで資源がリサイクルされている。

自治体が集めた家庭系ごみや事業系ごみは、多くの場合、自治体が運営する焼却炉などで焼却処分されるが、その際に焼却灰や飛灰が発生する。これをセメント事業者がセメントの代替原料として引き取る仕組みとなっている。

全国の焼却炉から大量に発生する焼却灰や飛灰を引き取ることのできるセメント事業者の存在は今やなくてならない存在となっている。しかし、今後は国内におけるセメント需要の減少などが見込まれるため、安定した需要先の確保が今後の課題になるものとみられる。

8.2.4　バイオマスのリサイクル(蒸気や温水の需要家)

単なる燃焼だけであれば古代より存在するリサイクルであるといえるが、近年、製材所などから発生する木くずを燃料としてリサイクルしたり、また食品残さを家畜飼料へとリサイクルしたりする取組みなどが注目されている。エネルギー利用の場合、発熱量が低い、焼却灰の処理コストが発生するなどの理由で、化石燃料と比較して高コストになりがちではあるが、低炭素社会の促進を受けた「地産地消」のエネルギーとして、バイオマスのエネルギー利用には関

心が集まっている。また飼料としてリサイクルする場合でも、学校給食へのエコ食材（リサイクル飼料で育てられた豚の肉など）導入といった取組みで地域住民の協力を得ながら進められているケースも多い。

エネルギー利用に際しては、多くが熱としての利用となるため、電気などと異なり、温水などを輸送することのできるパイプライン敷設が課題となる。パイプラインの敷設はしばしば大きな投資が必要となるため、多くの場合、狭いエリアでの熱供給ビジネスとなりやすい。バイオマスの集積地点（製材所など）と需要家（蒸気を必要とする工場・発電所など）の近接していることなどがビジネス成功のポイントとなる。

8.2.5　容器リユース（びん商）

リサイクルではなく、リユースを軸とする廃棄物関連ビジネスの1つである。紙パックやPETボトルなどの容器が発達する以前は、ガラスびん（リターナブルびん）が主に流通していた関係で、これを循環利用させるための問屋機能として「びん商」が発達した。今日も一部にガラスびんが使用されているが、「重い」、「割れやすい」などの理由から飲料等を出荷するメーカーでの採用が減少しており、往時と比較してその利用量は大きく減少している。しかし、何度でも繰り返し利用できるガラスびんは、ライフサイクルでの二酸化炭素排出量も少ないなどの点から、最近その活用が改めて注目されている。

現在は「ワンウェイ容器（一度きりの容器）」が主流であるため、空きびんを回収するためのネットワークが弱体化しており、各家庭や飲食店などで発生した空きびんを効率よく回収するための仕組みづくりが、ビジネス成功のポイントである。特に動脈側の物流が空きびんの回収を前提としたものではなくなっているため（通い箱を用いない出荷など）、地域ネットワークを活用した回収やリターナブルびんの導入拡大が重要となる。

8.3　廃棄物関連ビジネスのゆくえ

廃棄物関連ビジネス発展の鍵は、各国・地域の法制度や再生資源への需要動向に隠されている。現在のところ廃棄物の適正処理を強制する法律が充分に機

能しておらず、また経済発展の著しい、今後製造業に対して厳しい排出者責任を問うであろう新興国などにおいて、廃棄物関連ビジネスの市場が拡大していくものと思われる。新興国の多くは、経済発展を優先するあまり、埋立地の不足、危険廃棄物による環境汚染や健康被害などに対して必ずしも厳しく対処してこなかったが、経済水準の上昇にともなって国民の声を無視できなくなりつつある。それが廃棄物の適正処理を促す原動力になると思われる。

BRICs諸国における工業化と都市化の進展にともない、各種資源の消費量が増大しつつある。今後もしばしば資源供給の逼迫感にともなう相場高騰や高止まりが発生しやすくなるものとみられる。そのため、これまでリサイクルされることのなかったような低廉資源についても回収されるようになってくるものと思われる。レアメタルやレアアースといったこれまでリサイクルされることのなかった金属くずのリサイクルに注目が集まっているのもそのような背景によるものである。

このほか、物流のグローバリゼーションにともない、これまでは国内市場への対処が中心であった廃棄物関連ビジネスも、国内だけではその回収量に限界があるため、今後は国際資源循環を求める動きへと発展していく可能性がある。

産業廃棄物処理業者も従来は玉石混交で一部の違法業者による不法投棄で業界のイメージが低下していたが、不法投棄の取締強化一辺倒であった環境省が産廃処理業者優良性評価制度を設けるなど「太陽政策」を取り始めている。

情報公開制度や業者の優良性も加味した調達制度の導入などが目白押しに導入されつつある。中小零細企業がほとんどである我が国の産廃業界であるが、売上1兆円超(日本円換算)を誇る米国ウェイスト・マネジメント社のような大企業が出現する可能性を秘めている。

第8章の参考文献

[1] 寄本勝美:『ごみとリサイクル』,岩波書店,1990年.
[2] 長沢伸也・森口健生:『廃棄物ビジネス論—ウェイスト・マネジメント社のビジネスモデルを通して—』,同友館,2003年.

第9章 資源リサイクル関連ビジネス

9.1 資源リサイクル関連ビジネスの背景

9.1.1 金属スクラップ回収の視点から見た資源リサイクルビジネスとは

　資源(特に金属)のリサイクルビジネスは、金属部品を含む使用済み製品や各種副産物の適正処理、また金属再生を目指した廃棄物関連ビジネスの1つとして位置づけることができる。金属スクラップ(以下、簡略化のため「くず」と表記)を取り扱う資源リサイクルビジネスには、使用済み製品の解体や各種金属くずの選別、回収などを行う金属くず問屋のビジネスと、回収された金属くずを熔融や化学反応によって再び純度の高い金属地金等へと再生する製鉄、非鉄製錬(精錬)などといったビジネスがある。

　一般に廃棄物関連ビジネスの収益は、使用済み製品や工場で発生するオフスペック品(規格外品など)や副産物の処理対価として得られる手数料収入のほか、再生資源の売却益から構成される。しかし、金属くずの資源リサイクルビジネスにおいては、前者の手数料収入を期待できないか、もしくはかなり低いため、後者の売却益を念頭に置きながら実施されているものが多い。なお、使用済み製品の引取りは有価で買い取ることもあれば、処理手数料を受け取って引き取ることもある。処理手数料を受け取って引き取る場合は、廃棄物処理法に基づく事業許可が必要となる。そのため、金属くず問屋の多くは産業廃棄物の中間処理に関する事業許可を受けていることが多い。

　金属くずは、グローバルな金属需給動向や投機筋の動向、また局地的には金

属くずのローカルな需給動向など、さまざまな影響を受けて取引価格が変化する複雑な商材である。金属くず問屋では相場を読み取る力や、それを見越した使用済み製品の買い上げ、さらには金属くず売却の判断力が求められる。

金属くず問屋が扱う金属くずには、主に工場などから発生する工程くずと、使用済み製品の解体などによって発生する市中くずの2種類がある。

工程くずは、品質だけではなく、その発生量も比較的安定しているため、資源リサイクルビジネスの経営を安定させるうえで重要な金属くずである。市中に出回ることは少なく、回収および処理を請け負った事業者が、最終処分や金属地金等への再生までを何らかのかたちで見届けている場合が多い。

これに対して、使用済み製品の解体および選別を経て得られる市中くずは「都市鉱山」と呼ばれ、含有する金属くずのグレード（くずに占める金属品位や不純物の含有率など）に応じて数段階に区分されることが一般的であり、その金属の取扱いを得意とする金属くず問屋などへしばしば転売されることもある。

市中くずのリサイクルビジネスでは、常にある程度まとまった量の需要が存在し、低廉ながらも一定額以上の相場が存在する鉄くず、故銅（銅くず）、アルミニウムくずなどが主流である。

しかし、取引量が少ないうえに貴金属ほどの値段がつかないレアメタル[1]、レアアース[2]などの金属くずについては、一部を除いて多くは必ずしもリサイクルの対象とされていない。これは、金属くず問屋にとって、市場でのレアメタルの消費量は小さく、取引の成立に必要な最低限のレアメタルくずを集めることが難しいうえレアメタルの地金や汎用中間原料は販売価格も貴金属ほどには高くはなく、解体や選別に要するコストなども考慮すると、利幅が小さいためである（図表9.1）。なお、消費量が多くても特殊鋼の添加剤（マンガンなど）

---

1) レアメタル：総合資源エネルギー調査会鉱業分科会レアメタル対策部会にて定義された31鉱種を指す（レアアースは1鉱種として数える）。日本独自の用語であるが、昨今はこうしたレアメタルの安定供給問題が脚光を浴びることで、欧米社会においても「Rare metals」という単語が使われ始めるようになってきている。
2) レアアース：元素周期表3族のスカンジウム、イットリウムにランタノイドの15元素を含めた17元素の総称である。特殊な電子配置を有する原子構造により、きわめて優れた磁性や光学特性を発揮することから各種機能材料として盛んに用いられている。上記のレアメタルにレアアースは含まれる。

消費量(t/年)＼価格(円/g)	1円未満	1〜10円	10〜100円	100〜1,000円	1,000円以上
1,000万〜	鉄				
100万〜1,000万	マンガン、アルミニウム、銅				
10万〜100万	亜鉛、鉛	ホウ素、クロム、チタン			
1万〜10万	アンチモン	ジルコニウム、ニッケル、コバルト	モリブデン、リチウム		
1,000〜1万	セリウム	ニオブ、イットリウム、ネオジム、	タングステン、バナジウム、銀		
100〜1,000	ストロンチウム	セレン	テルビウム、ジスプロシウム	タンタル、インジウム	金
100未満			ゲルマニウム、ユウロピウム	パラジウム、ベリリウム	白金

※図中の網がけ楕円部分：「リサイクル事業で比較的高い採算性を期待できる金属」

注) 金属価格はその時々の相場によって乱高下することがあるため、2000年以降の平均的相場を取り上げている。なお、網がけの図示範囲は必ずしも正確なものではないが、消費量が多い（金属くずの発生量が多い）金属くず、価格が高い金属くず、さらにそれらのバランスが取れている金属くずの多くはリサイクルの対象となっていることを示すものである。

図表9.1　金属消費量（潜在的な金属くず発生量）と金属相場の関係

などとして消費されているものは、鉄くずと一緒に取り扱われる。したがって、特殊鋼の添加剤に使うレアメタルが、それ単独でリサイクルされることは少ない。

9.1.2　製錬・精錬の視点から見た資源リサイクルビジネス

　金属くずのリサイクルビジネスにおいて、回収された金属くずを熔錬などの乾式プロセスや、酸化還元や電気分解などを組み合わせた湿式プロセスを経て地金などへ再生させる役割は、製鉄事業者や非鉄製錬事業者などの役割である。鉱石に含まれる金属酸化物等を還元して金属を得ることを「製錬」と称するが、不純物がまだ多量に残っている金属などを処理して純度の高い金属を得ることを「精錬」と称して区別しており、金属くずの再生はしばしば精錬の一種に位置づけられる[3]。なお鉄の製錬(高炉を用いたプロセスなど)や精錬(電炉を用いたプロセスなど)は特に製鉄と称される。

　金属くず問屋では、ある程度まとまった量を確保できることや、解体、選別コストに見合った価格で販売できることを金属くず回収に際して重視する。一方、製鉄所や非鉄製錬所では設備の安定稼動を行う必要があるため、安定して一定量を確保し続けることができるか否かを重視することが多い。新興国の需要拡大などを受け、鉱石価格がしばしば高騰、高止まりする今日においては、鉱石と比較して安定供給という点では劣るものの、安価でまた鉱石ほどには相場が乱高下しないという点で、特に高単価の金属くず等を中心として、積極的な回収、再生が行われるようになっている。

　また我が国ではレアメタルなど一部の資源国に供給の大半を依存しているような金属について、政府が安定供給確保の一手段としてリサイクルを積極的に支援しており、これまで回収や選別が行われていなかったようなレアメタルについても、それを含む部品を抽出、選別し、また金属地金や汎用中間原料等へと再生させようとする取組みが活発になっている。日本ほどではないものの、欧米などでもこれまで注目されていなかったレアメタルの供給リスクに注目し、リサイクルに取り組もうとする動きが少しずつ起こり始めている[4]。

---

[3]　各業界、企業によってもこの区分はしばしば異なることがあり、ここでは社会一般的な整理に従った。

[4]　欧州委員会：「Raw Materials Initiative(2008)」、米国エネルギー省：「Critical Materials Strategy, December 2010」など。

9.2 資源リサイクル関連ビジネスの現状

9.2.1 ベースメタル等の取扱量が大きい資源

(1) 鉄スクラップのリサイクルビジネス

金属資源のなかでもっとも消費量の大きい金属は鉄であり、使用済み製品にともなって発生する鉄くずも金属くず中で最大である。鉄は室温で強磁性体であるため、磁石を用いて不燃ごみなどからの容易に回収できるということも鉄くず流通量を大きくすることに貢献している。鉄くずといってもその種類は多様であり、成分別にみれば、普通鋼のほか、ステンレスや工具鋼といった特殊鋼などがあり、発生源別に見れば、自動車工場などで発生する打ち抜きくずといった工程くずのほか、使用済み自動車などの解体などによって発生する市中くず(老廃くず)などさまざまである。

国内需要の減少に加え、中国や韓国などといったインフラ整備や輸出産業の旺盛な国々が近隣にあるため、近年は鉄くず需要の旺盛な海外へ鉄くずを輸出し続ける状況が続いている。

製鉄技術としては、鉄鉱石とコークスを主原料とする高炉製鋼法と鉄くずを主原料とする電炉製鋼法(電気炉製鋼法)とがあり、電炉による方法は設備投資が高炉に比べて小さく済むという利点がある。また、近年は鉄くず中に含まれる不純物の濃度管理も技術水準の向上によって改善されつつあるため、新興国等を中心に電炉事業者の数が増加傾向にある。このような社会背景も日本国外における鉄くず需要の増加に拍車をかけているものとみられる。

(2) 銅スクラップのリサイクルビジネス

銅くず(故銅)も鉄くずと同様に古くからリサイクルの対象とされてきた金属くずであり、成分や表面劣化の程度によって分類、回収されている。電線くずや銅製伝熱パイプなどといった純銅に近いものもあれば、黄銅(真鍮とも言う。銅と亜鉛の合金)、青銅(砲金と称されることもある。銅と錫の合金)、白銅(銅とニッケルの合金)などといった合金くずも存在する。一般に銅合金のくずは、混合せずにその種類だけで回収、熔融再生されることが多い。

近年、新興国を中心に銅需要が急増しているため、銅鉱山の供給拡大が追いつかず、銅相場は高止まりの傾向にある。特に世界最大の銅需要国となった中国での上海期貨交易所（中国国内最大の工業品取扱所）における銅相場は、中国国内におけるその旺盛な銅需要のために、しばしば国際相場指標とされるロンドン金属取引所の相場を上回ることがあるほどである。そのため、世界各地の銅製錬所で鉱石に代わる製錬原料として銅くずのリサイクルを強化する方向にあり、これが銅くず相場にも影響している。

　銅くず相場の急騰が遠因になって、寺院等の銅製半鐘が盗まれ、不正に海外へ輸出されるといった事件が多発した。銅鉱石の調達を海外からの全面輸入に頼る我が国の銅製錬所（カスタムスメルター）も例外なく、銅鉱石を補完する製錬原料として銅くずのリサイクルを重視しており、国内のみならず海外の日系工場などで発生する銅くずの回収などにも注力するようになってきている。

(3)　アルミニウム・スクラップのリサイクルビジネス

　アルミニウムくずのリサイクルが行われるようになったのは20世紀に入ってからである。純度の高いアルミニウムを得るためには、製錬プロセスで大量の電力を消費するため、発電および送電技術が未熟であった19世紀において大量生産されることはなく、長らく一部の特殊用途に限られて消費されていた。しかし、20世紀に入って大量生産されるようになり、生産コストも下がるようになると、代表的な軽金属としてさまざまな用途で用いられるようになり、結果としてアルミニウムくずの発生量も次第に増加することとなった。アルミニウムくずのリサイクルもこれにともなって拡大してきた歴史がある。

　アルミニウムの製錬では大量のエネルギーを消費することから、アルミニウムは俗に「エネルギーの缶詰」などと称されており、アルミニウムくずからの精錬は電気料金の高い先進国などでコストを圧縮しながらアルミニウムを生産するための方法として広く行われている。

　鉄くずと異なり、銅くずやアルミニウムくず等といった金属くずは、その取扱い規模が小さいため、それぞれ独自の金属くず調達ルートや販売ルートを有し、それぞれ得意とする非鉄金属を中心に取り扱う金属くず問屋が中心となって回収を行っていることが多い。

（4） 亜鉛、鉛のリサイクルビジネス

　同じベースメタルであっても亜鉛については、亜鉛めっき鋼板などのめっき用途が多いため、直接のリサイクルが難しく、亜鉛めっき鋼板のくずとして鉄くずとともに回収されている。この際、電炉事業者で熔解された亜鉛めっき鋼板のくずからは沸点の低い亜鉛が蒸発し、亜鉛を高品位で含有する「電炉ダスト」が発生するため、これをロータリーキルンなどを有する廃棄物中間処理事業者などが回収して亜鉛製錬原料（粗酸化亜鉛）などに再生する流れができている。また、ベースメタルの鉛については、主用途が自動車用蓄電池などの用途に集中しているため、使用済み蓄電池の処理事業者（産業廃棄物の事業許可を受けている事業者など）が中心となって鉛くずの回収を行っており、これを鉛製錬所に販売することでリサイクルの流れが形成されている。

9.2.2　貴金属等の取引単価が高価である資源

　金、白金族元素（白金（プラチナ）、パラジウム、ロジウムが代表的）などといったグラムあたりの単価が数千円近い金属は、貴金属と称され、先述のベースメタルや後述するレアメタルとはまた異なるリサイクルが行われている。

　貴金属は、少量でも含有されていれば取引対象となり得るため、個人相手の回収ビジネスが発達しているという特徴がある。貴金属の場合、金属くずの回収は非鉄金属などを中心に取り扱う金属くず問屋だけでなく、貴金属商も直接的、間接的に参加している。金属地金への再生についても銅や鉛などの非鉄製錬所（主に乾式プロセスによる）のほか、貴金属商（主に湿式プロセスによる）が行っている。貴金属商の多くは、宝飾品や投資用金地金などの個人向けビジネスで培ったネットワークを活かし、小口の貴金属くず回収を強みとしているといった特徴がある。貴金属くずの内容は多様であり、宝飾品のような貴金属単体のくずは少なく、多くは使用済み電気電子機器から取り出された廃電子部品や使用済み触媒といった状態で回収されている。使用済み歯科材料（金歯など）なども回収の対象となっている。

　金の場合、宝飾品だけではなく、その優れた延性や耐候性を活かして電子部品材料（ICチップ内のボンディングワイヤなど）などに多用されている。また白金は、宝飾品だけではなく、その優れた触媒特性を活かして自動車の排ガス

浄化触媒などに多用されている。金や白金ほど高価ではないが、その優れた導電性を活かして銀も電子部品材料などに多用されている。

　貴金属は、少量でも高価であるため、古くから蓄財の手段として用いられてきた経緯があり、今日においても有力な投資先の1つである。米国の財政赤字などを背景とする米ドルへの信用低下は、結果として米ドル以外への投資を加速させることとなり、近年の金相場高騰はドルを回避する投資資金が流入することで起きているものと見られている。結果として金相場は実需の影響以上に上昇することとなり、金などの貴金属回収が盛んになる背景ともなっている。

9.2.3　その他レアメタル等の資源

　金属単体でのリサイクルがあまり行われてこなかった理由には、金属くずの売却価格が使用済み製品の解体、選別で要するコストに見合っていなかったということがある。特殊鋼向けレアメタル[5]の場合、ステンレス鋼（コバルトやニッケルが添加される）や工具鋼（タングステンなどが添加される）などのように特殊鋼の鉄くずとして、鉄くずの種類別に選別されて回収されており、鉄とともにリサイクルされる流れがすでにできあがっている。

　金属単体で市中くずのリサイクルが行われている主なレアメタルには、コバルト（使用済みのリチウムイオン二次電池の正極材など）、タングステン（使用済み超硬工具など）などがある。いずれもある程度世の中に流通しており、常に一定量の金属くず発生を見込めるうえ、レアメタルを含む部位を比較容易に取り出しやすい、また高品位でレアメタルを含むために効率よくリサイクルできるなどといった好条件がそろっている。これ以外のレアメタルについては、異なる素材を用いた同様の部品があるために（例：電子部品など）解体後の選別が容易ではないといった理由や、また合金や化合物中に含まれるレアメタル量が希薄で、含有部位を選別した後の再生が容易ではないといった理由や、または高コストであるなどといった理由によって、市中くずのリサイクルはあまり進んでいない。

---

5)　我が国で従来から備蓄対象鉱種とされているニッケル、クロム、タングステン、コバルト、モリブデン、マンガン、バナジウムなどがこれに該当する。いずれの元素も鉄鋼の耐熱性や硬度、耐摩耗性、加工性、靭性などを向上させる助剤として役割を有している。

回収容易かつ高品位でレアメタルを含む工程くずを除き、金属単体でのリサイクルがほとんど行われることのなかったレアメタルであるが、近年は資源国における生産・輸出抑制による供給不安の高まりや、世界的な需要拡大による相場の上昇、高止まりなどを受けて、使用済み製品からの抽出や選別、また再生への取組みが積極的に行われるようになりつつある。

　単位重量あたりの単価が比較的高価なレアメタルを中心として、近年は使用済み電気電子機器や使用済み自動車からのレアメタルを含む部位の回収、またレアメタル素材メーカー（レアメタルの製錬所に相当）での地金、汎用中間原料への再生が活発に研究されている。自動車部品の切削加工などに用いられた使用済み超硬工具からの新たな高効率タングステン抽出技術など、中には商業化に成功しているものがある[6]。このほかにもNdFeB磁石（各種高性能モーターの界磁に用いられる）からのネオジム、ジスプロシウム回収技術や、三波長蛍光粉（高効率蛍光ランプの蛍光粉に用いられる）からのイットリウム、テルビウム、ユウロピウム回収技術など、近く商業化が期待される技術もある。

　レアアースには実にさまざまな用途が存在する（図表9.2）。その中でもハイブリッド自動車や駆動モーター向け界磁や、風力発電機の発電機向け界磁などに用いられるモーターには、Nd（ネオジム）焼結磁石（NdFeB磁石）の高温保磁力を高めるためのジスプロシウムというレアアースが添加されている。このジスプロシウムの安定確保を図る観点からNd焼結磁石をはじめとするレアアース含有部品のリサイクルは国家戦略として進められている。

　このほか、アフリカ中部などの紛争地域で武装勢力の資金源となっている金属資源は「紛争鉱物」と称され、その使用を監視されるようになっている[7]。紛争鉱物に指定されたレアメタルくずのリサイクルは、紛争地域から産出していない「きれいな」製錬原料として脚光を浴びる可能性もあり、注目される。

---

6)　㈱石油天然ガス・金属鉱物資源機構：「希少金属等高効率回収システムの開発事業」関連資料など。
7)　金融規制の抜本的改革を目指して制定した米国の金融規制改革法（ドッド・フランク法：2010年7月に成立）は、紛争鉱物の購入が武装勢力への間接的な資金提供に相当するとして、同法第1502条で紛争鉱物の使用状況に関する情報開示義務を規定している。具体的な情報開示方法については、米国証券取引委員会（SEC）の決定に委ねられる予定とされているが、2011年11月現在まだ公表されていない。

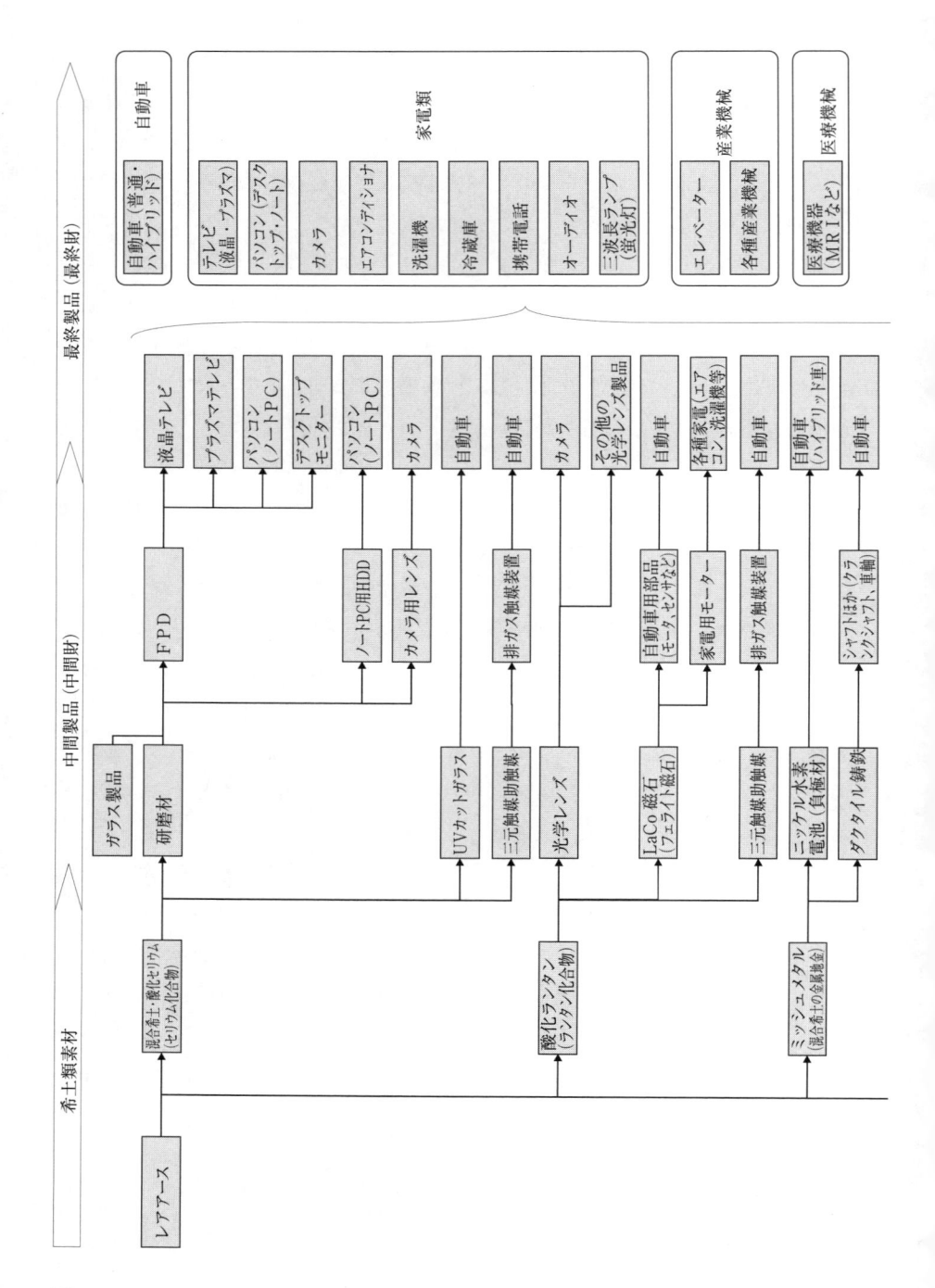

希土類素材 → 中間製品（中間財） → 最終製品（最終財）

希土類素材
- レアアース
  - 混合希土酸化セリウム（セリウム化合物）
  - 酸化ランタン（ランタン化合物）
  - ミッシュメタル（混合希土の合金地金）

中間製品（中間財）
- ガラス製品
  - 研磨材 → FPD → 液晶テレビ／プラズマテレビ／パソコン（ノートPC）／デスクトップモニター
  - ノートPC用HDD → パソコン（ノートPC）
  - カメラ用レンズ → カメラ
- UVカットガラス → 自動車
- 三元触媒助触媒 → 排ガス触媒装置 → 自動車
- 光学レンズ → カメラ／その他の光学レンズ製品
- LaCo磁石（フェライト磁石） → 自動車用部品（モーター、センサーなど） → 自動車
- 家電用モーター → 各種家電（エアコン、洗濯機等）
- 三元触媒助触媒 → 排ガス触媒装置 → 自動車
- ニッケル水素電池（負極材） → 自動車（ハイブリッド車）
- ダクタイル鋳鉄 → シャフトほか（クランクシャフト、車軸） → 自動車

最終製品（最終財）
- 自動車（普通・ハイブリッド）／自動車
- 家電類
  - テレビ（液晶・プラズマ）
  - パソコン（デスクトップ・ノート）
  - カメラ
  - エアコンディショナ
  - 洗濯機
  - 冷蔵庫
  - 携帯電話
  - オーディオ
  - 三波長ランプ（蛍光灯）
- 産業機械
  - エレベーター
  - 各種産業機械
- 医療機械
  - 医療機器（MRIなど）

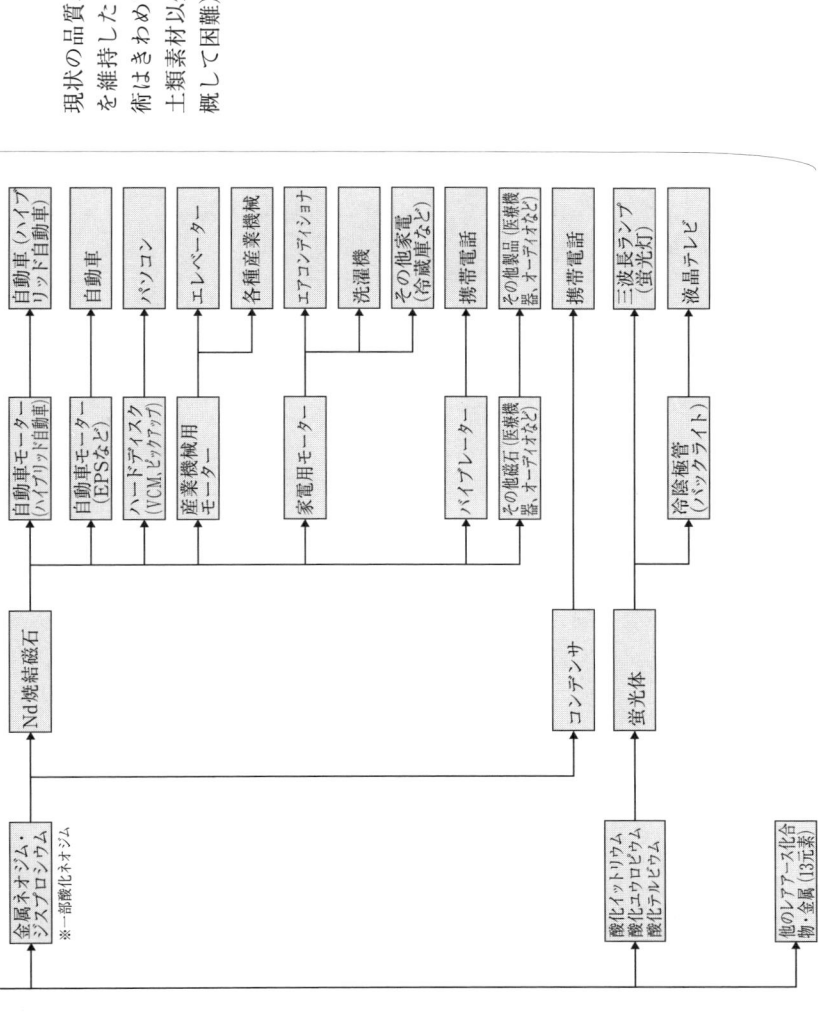

現状の品質および経済性を維持したままの代替技術はきわめて少ない（希土類素材以外での代替は概して困難）

```
金属ネオジム・         ┌─自動車モーター────自動車（ハイブ
ジスプロシウム ──┬─Nd焼結磁石─┤ （ハイブリッド自動車）  リッド自動車）
※一部酸化ネオジム │      ├─自動車モーター────自動車
           │      │ （EPSなど）
           │      ├─ハードディスク────パソコン
           │      │ （VCM, ピックアップ）
           │      ├─産業機械用────エレベーター
           │      │ モーター ─────各種産業機械
           │      ├─家電用モーター──┬─エアコンディショナ
           │      │         ├─洗濯機
           │      │         └─その他家電
           │      │           （冷蔵庫など）
           │      ├─バイブレーター────携帯電話
           │      └─その他磁石（医療機
           │        器、オーディオなど）
酸化イットリウム ──┬─コンデンサ──────携帯電話
酸化ユウロピウム  │
酸化テルビウム   └─蛍光体─────┬─三波長ランプ
                    │  （蛍光灯）
                    └─冷陰極管───液晶テレビ
                      （バックライト）
他のレアアース化合物・金属（13元素）
```

図表 9.2 主要なレアアース元素の用途

(出典) 清水孝太郎・佐々木創：「希土類産業の高度化に向けたリサイクル─NdFeB 磁石を例に─」、『日本希土類学会誌』、No.55, 2009 年 11 月を一部改正

使用済み製品からの解体や選別、また素材メーカー等における再生技術などについても政府が積極的に開発の支援を行っている。技術水準の向上によって事業採算性を確保できるようになれば、レアメタルのリサイクルは、ベースメタルや貴金属に加わる第三の金属資源リサイクルとして発展する可能性がある。レアメタルのリサイクルも他の金属資源リサイクルと同様、再生後は地金や汎用中間原料などといったコモディティとしての販売価格に拘束されるため、いかに解体や選別などのためのコストを下げるかが今後の課題である。

9.3　資源リサイクル関連ビジネスのゆくえ

　一般的な廃棄物関連ビジネスと同様、金属資源のリサイクルも例外なく再生品の販売価格は、金属地金や汎用中間原料などといったコモディティ相場に拘束される。そのため、使用済み製品などを引き取る際の手数料収入と、金属くず問屋にあっては金属くずの販売収入、製錬事業者などにあっては金属地金や汎用中間原料の販売収入を確保することがビジネス発展の鍵となる。

　特に金属資源のリサイクルでは、金属くずが有価で取引されることが多く、その結果、使用済み製品の引き取りについてもできるだけ有価物として引き取る方向で市場競争が行われるため、解体や選別、また再生に要するコストを極力低減させることが比較優位に立つための条件となる。

　金属資源のリサイクルには、単位重量あたりの単価が低くても、市場流通量が大きいために古くから成立しているような鉄くず、銅くずを取り扱うようなビジネスもあれば、単位重量あたりの単価がきわめて高いために、個人相手の小口ビジネスが発達している貴金属くずを取り扱うようなビジネスもある。

　近年、資源供給リスクの高まりなどから注目されているレアメタルのリサイクルは、事業採算性の確保という点でまだ課題が残されているものの、我が国のみならず、欧米などといったレアメタル需要家（部素材・最終製品メーカー）が集積する国々において国家戦略的に進められており、技術水準の向上によっては第三の金属資源リサイクルビジネスへと発展する可能性を秘めている。

　しかし、一方でレアメタルの多くは市場流通量が限られており、また需給バランスが緩むなどして相場が下落すると、解体や選別に要するコストが再生品

の販売収入をすぐに超過してしまい，事業採算性が悪化してしまいやすいリスクを抱えている．したがって，ベースメタルや貴金属といった金属くずのリサイクルを軸としながら，各国政府の政策動向や国際相場の変動に応じて臨機応変にリサイクル事業の規模などを調整できるような事業運営が求められる．

第9章の参考文献

[1] *Raw Materials Initiative*，European Commission，2008．
[2] *Critical Materials Strategy*, U.S. Department of Energy, December 2010．
[3] 「レアメタル確保戦略」，経済産業省，2009年7月．
[4] 「希少金属等高効率回収システムの開発事業」報告書，�独石油天然ガス・金属鉱物資源機構，2008年3月．
[5] *Mineral Commodity Summaries*，U.S. Geological Survey, 2011．

第10章 水ビジネス

10.1 水ビジネスの背景

10.1.1 水ビジネスとは

水ビジネスとは水に関するビジネス全般を指し、上下水処理場の設計、上下水道の運営、上下水処理場の運営、上下水処理設備の販売、配管施設、ボトリングウォーターの販売、漏水診断、薬品、汚泥処理など広範囲に及ぶ。

10.1.2 世界の水の消費量

世界の水資源で人類が使用できるのはごくわずかである。地球上にある水の0.01％を人類で享受しているに過ぎない(図表10.1)。

世界の地域別取水量を図表10.2に示す。2025年の世界の取水量を2000年比でみると30％も増加すると推察されており、アジアの人口の急激な増加にがけん引すると推察される。2025年にはアジアが世界の取水量の60％を占めると推定されている。今後5年間で水市場が高成長する地域は南アジアで10.6％、中東・北アフリカ10.5％と高く、また特に市場が大きい地域はサウジアラビアで15.7％、インドで11.7％、中国で10.7％である。

日本では、これまでのところ水不足が顕在化しているとまでは言えないが、世界の水不足は農業問題に影響するため、日本は世界の水不足と無縁ではない。特に日本の水関連企業は多くの先進技術を保有する。また、エンジニアリング能力が高い企業も存在する。それにもかかわらず、事業運営は、自治体が

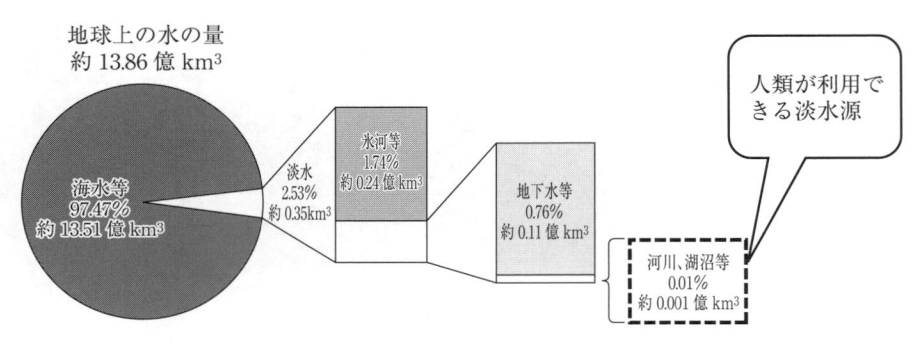

(出典) 国土交通省土地・水資源局水資源部:「平成19年版日本の水資源」、2007年

図表10.1　地球の水資源のバランスシート

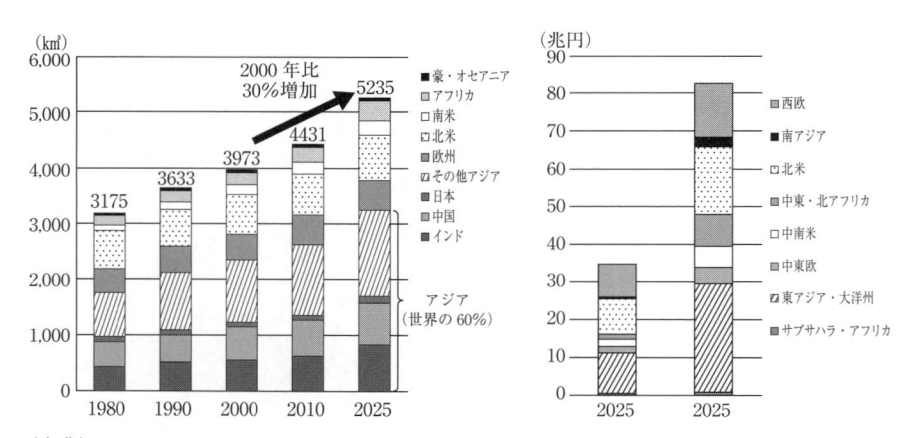

(出典) World Water Resources And Their Use a joint SHI/UNESCO product より経済産業省が作成

図表10.2　地域別取水量の推移(左)と世界水ビジネス市場の地域別成長見通し(右)

運営主体を行ってきた歴史から事業運営を得意とする企業は非常に少なく、この点はフランス、イギリス、中国の事業者の後塵を拝している。

そのため、日本政府は特に企業の技術力、自治体の運営事業の能力を新興国などの上下水道事業に導入していく方針である。日本の上下水道事業は処理場・設備の新設からリニューアル市場に移りつつあり、既存事業者が限られた市場を奪い合う構図となっているが、海外には新興国での水道設備インフラの市場が残されている。本章では日本企業の水事業に焦点をあてる。

10.1.3 日本国内の水事業の経緯

日本では都道府県・市の自治体が水道局、下水道局を保有し、公共事業として上下水事業を実施してきたが、行政改革による自治体の公共事業経営に対するコスト削減等の合理化、経営健全化が求められている。

特に下水道事業は国土交通省によれば9割ほどはすでに民間事業者に管理運営を任せて効率化してきたが、水供給（水道事業と呼ぶ）事業の民間委託（図表10.3）は進んでいなかった。そのため、1999年に施行した「民間資金等の活用による公共施設等の整備等の促進に関する法律」（PFI法：Private Finance Initiative）が自治体の公共事業の民間委託をより一層加速させた。その後、2002年の水道法改正により、法的責任を含む水事業の民間委託が幕を開けた。第3者への業務委託への制度化、水道事業の広域化による管理体制の強化、利用者に対する情報提供の推進が行われることとなったからである。2004年には地方自治法の改正による公共施設（上下水道施設含む）に対する指定管理者制度が整備されることで、公共事業の民間活用が多様化した。

その後、民間委託を推進するための具体的な検討やガイドラインが整備され今日にいたっている。2007年には社団法人日本水道協会より「水道事業にお

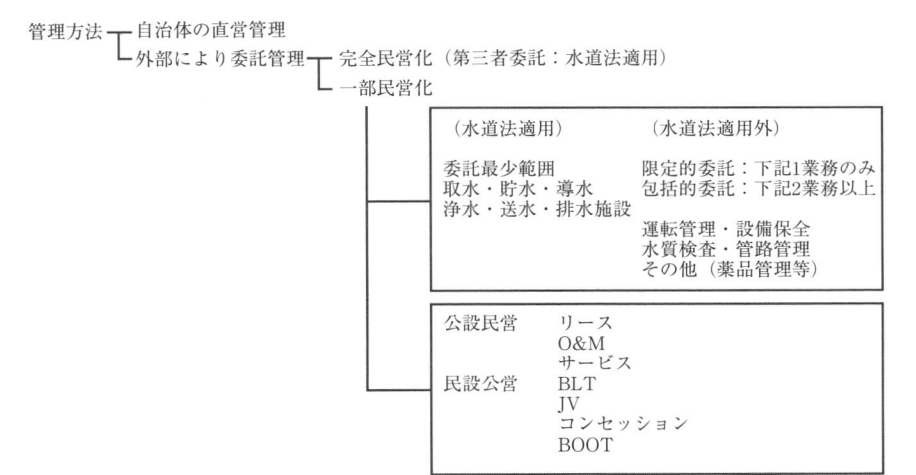

```
管理方法 ┬ 自治体の直営管理
         └ 外部により委託管理 ┬ 完全民営化（第三者委託：水道法適用）
                              └ 一部民営化
```

	（水道法適用）	（水道法適用外）
	委託最少範囲 取水・貯水・導水 浄水・送水・排水施設	限定的委託：下記1業務のみ 包括的委託：下記2業務以上 運転管理・設備保全 水質検査・管路管理 その他（薬品管理等）
公設民営	リース O&M サービス	
民設公営	BLT JV コンセッション BOOT	

（出典） MURC作成

図表 10.3　水道事業の民営化と業務委託の類型

ける総合評価導入に関する手引き」が公表され、自治体の中小水道事業体が第3者委託を導入するためのガイドが示された。2008年には厚生労働省より「水道広域化検討の手引き」が公開され、水道事業を広域化するための事例、検討方法を紹介している。

10.2 水ビジネスの現状

10.2.1 日本の第三者業務委託の現状

厚生労働省が整理している2010年4月1日現在の第三者業務委託案件数は593件（一部委託、全委託を含む）である。数字上は多く見えるが、第三者委託における全委託契約案件数は非常に少ない。経済産業省のように経済的合理性や海外進出を考える商社やメーカー保有製品の拡販を考えて、水道企業を民営化したほうがよいとする意見や、市民への水道の安定供給・安全性を考えて公営事業のままでよいとする意見などさまざまな見方がある。

フランスのパリでは1923年からパリ市が水メジャーのヴェオリア・ウォーターに委託し水道事業を行ってきたが、水道事業のあり方が検討され、再度パリ市が2010年1月から運営することとなった。日本では、自治体の民営化がもっと推進されるべきであるが、すべてを委託できる企業が少ないのが実情である。数少ない新規浄水場についてはBOT事業[1]資金から運営までのすべての責任を取る事業モデルで企業に任すことで、自治体の効率化と企業の育成を目指すべきである。

日本の自治体の上下水道の保有資産は約120兆円（厚生労働省・水道ビジョン）とされており、この資産がすべて民営化されれば大きな市場が創出される。

10.2.2 日本政府の海外展開の動き

経済産業省は、我が国の水ビジネス産業が国際展開していくうえで現状分

---

[1] BOT：Build Operate Transfer：民間事業者が施設の建設資金を調達し、建設、運営を政府との長期契約で実施するビジネスモデルである。契約終了後は政府に資産および経営権を譲渡する。

析、課題の明確化および具体的な方策等を検討する「水ビジネス国際展開研究会」を 2009 年 9 月に設立した。地方自治体、商社、エンジニアリング会社、機器メーカー、関係機関（NEXI、JBIC、JICA など）が委員となっている。

また国土交通省、厚生労働省、経済産業省が PPP[2] での事業方式を研究する海外水インフラ PPP 協議会を 2010 年 7 月に立ち上げている。PPP は上下水道事業を行う際には資金の捻出が問題である点と日本の関係者が事業仕様の設計段階に関わることができること。また、海外では日本企業は BOT および TOT[3] での事業運営経験がないことも同研究会を設立している要因でもある。

また特定の水関連技術を推進する取組として、国土交通省が主体となって膜分離活性汚泥法（MBR[4]）を活用した波及効果の高い先進的な取組を実施設で実証し、必要な知見を集積することを目的とした日本版次世代 MBR 技術展開プロジェクト（通称：A-JUMP）を 2008 年に立ち上げた。これは、下水道施設の効率的な機能高度化等への活用が期待できる MBR の国内での本格的な普及促進や、海外での展開を図るための事業である。

10.2.3 水ビジネスのプレーヤー

2008 年 11 月に異業種の民間連合として、水関連企業がオールジャパン体制で海外のプロジェクトにソリューションを提供するための組織として「有限責任事業組合 海外水循環システム協議会 通称 GWRA：Limited Liability Partnership（LLP）Global Water Recycle and Reuse System Association, JAPAN」を設立した。その協力体制を図表 10.4、想定事業対象を図表 10.5、想定事業参入地域を図表 10.6、活動スケジュールを図表 10.7 にそれぞれ示す。同事業組合は 2013 年末までの活動予定であり、海外での水市場に参入したいと希望している企業が数多く参加している。設立時は 14 社であったが 2011 年 4 月の時点で約 50 社に達している。

---

2) PPP：Public Private Partnership ＝官と民がパートナーを組んで事業を行うという、新しい官民協力の形態である。政府主導で事業仕様を決めるのではなく、民間も仕様決定から参加することが PFI との違いである。
3) TOT：Take of Transfer：政府の現有資産と経営権を民間事業者が買い取り、運用しその後、再度資産と経営権を政府に返すビジネスモデルである。
4) MBR：Membrane Bioreactor

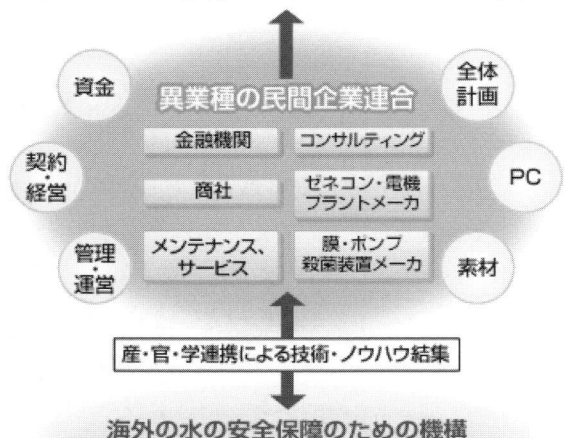

(出典) GWRA HP, 2008 年

図表 10.4 海外水循環システム協議会(GWRA)の協力体制概念図

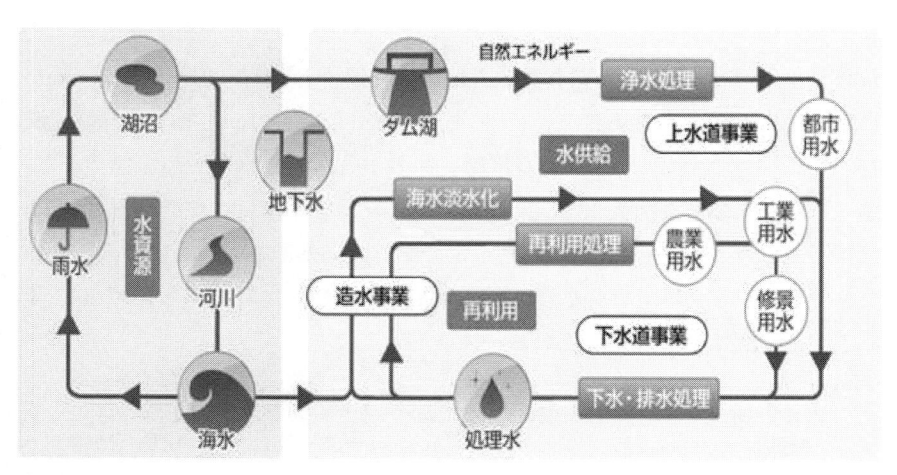

(出典) GWRA HP, 2008 年

図表 10.5 海外水循環システム協議会(GWRA)の想定事業対象

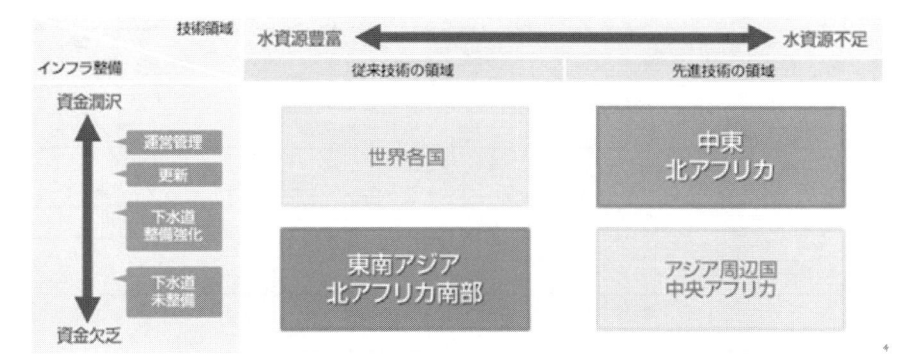

図 10.6　海外水循環システム協議会（GWRA）の想定市場参入地域

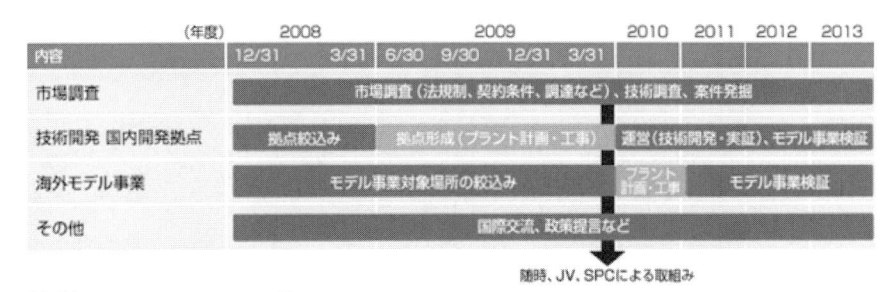

（出典）　GWRA HP，2008 年
図表 10.7　海外水循環システム協議会（GWRA）の活動スケジュール

商社、部品メーカー、エンジニアリング、コンサルティング企業等が組合員となっている。

10.2.4　日本企業の強みと弱み

経済産業省が商社やエンジニアリングメーカーにアンケートを行った結果わかった日本の水関連企業の強みと弱みを図表 10.8 に整理して示す。日本は個別の要素技術に強みがあるものの、事業全体のマネジメント能力や顧客志向の仕様の適正化、進出対象国の言語、商習慣への適応力が弱いというのが、商社および機器。エンジニアリングメーカーの共通の意見であることがわかる。機器エンジニアリングメーカーが EPC[5] 能力に弱いということから、同業種が海外で事業主体となって展開していくことの弱さを露呈している。日本の商社で

日本企業が持つ「強み」	
<商社の意見>	<機器／エンジニアリングメーカーの意見>
・要素技術（素材／部品）の優位性、信頼性 ・環境・省エネ技術	・要素技術（素材／部品）の優位性、信頼性 ・環境・省エネ技術
・契約遵守力（工期等） ・資金調達力　等	・機器メーカーのシステム設計力 ・運営力（例：管路鋼管理システム）等

（商社／メーカーで共通していた意見）

日本企業が持つ「弱み」	
<商社の意見>	<機器／エンジニアリングメーカーの意見>
・プロジェクト全体のマネジメント能力、提案力 ・価格競争力、顧客に応じた仕様の適正化（ダウングレード） ・現地の事情（言語、商習慣、規格、人材確保等）への適応力	・プロジェクト全体のマネジメント能力、提案力 ・価格競争力、顧客に応じた仕様の適正化（ダウングレード、復層化） ・現地の事情（言語、商習慣、規格、人材確保等）への適応力
・運用・保守（O&M）の能力ノウハウ等	・設計・調達・建設（EPC）事業の経験不足

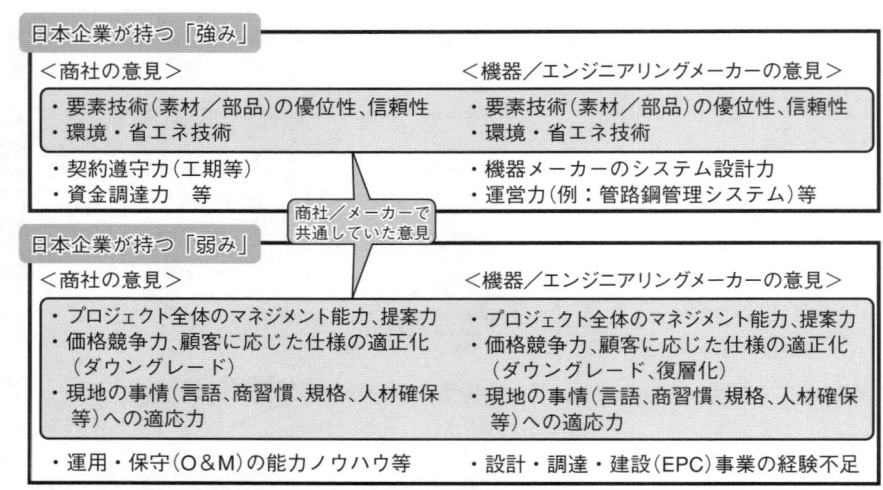

（出典）METI：「第6回 水ビジネス国際展開研究会ワーキンググループ資料」，2010年にもとづき MURC 作成

図表 10.8　日本の水関連企業の強みと弱み

　水事業全体の運営ノウハウを国内で保有しているのはジャパンウォーターを事業会社として保有する三菱商事のみである。ジャパンウォーターは日本国内の第3者業務委託の全委託案件を受注することを目指している。

　日本政府および企業が海外で事業を展開していきたいと希望していることは前述したが、世界の水事業を運用している企業と大きな相違がある。水メジャーと呼ばれるヴェオリア・ウォーターやスエズエンバイロメントはフランスで培った水事業の運営経験を基に、世界各国で事業を展開している。彼らはワンストップで事業を展開できるノウハウを持っている。

　一方、日本企業は丸紅など一部の商社が海外で事業経験を持つものの、事業運営まで行っている企業は水処理機器企業およびエンジニアリング企業には存在せず、その意味で水事業を経験していない。なお、日本の自治体は事業運営ノウハウを持っているものの、前述したように効率的な経営がされているかどうかは疑問であり、日本の自治体がリスクを持って海外で事業運営することも現実的ではない。

---

5) EPC：設計（Engineering）、調達（Procurement）、建設（Construction）の略。

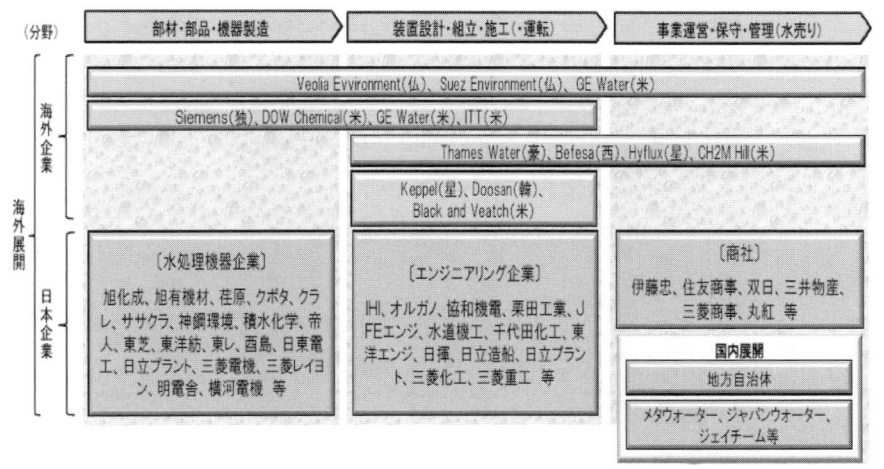

	部材・部品・機器製造	装置設計・組立・施工(・運転)	事業運営・保守・管理(水売り)
海外企業	Veolia Evvironment(仏)、Suez Environment(仏)、GE Water(米)		
	Siemens(独)、DOW Chemical(米)、GE Water(米)、ITT(米)		
		Thames Water(豪)、Befesa(西)、Hyflux(星)、CH2M Hill(米)	
		Keppel(星)、Doosan(韓)、Black and Veatch(米)	
日本企業	〔水処理機器企業〕旭化成、旭有機材、荏原、クボタ、クラレ、ササクラ、神鋼環境、積水化学、帝人、東芝、東洋紡、東レ、酉島、日東電工、日立プラント、三菱電機、三菱レイヨン、明電舎、横河電機 等	〔エンジニアリング企業〕IHI、オルガノ、協和機電、栗田工業、JFEエンジ、水道機工、千代田化工、東洋エンジ、日揮、日立造船、日立プラント、三菱化工、三菱重工 等	〔商社〕伊藤忠、住友商事、双日、三井物産、三菱商事、丸紅 等
			国内展開:地方自治体 / メタウォーター、ジャパンウォーター、ジェイチーム等

(出典) 第21回原子力委員会資料、2011年

図表 10.9　海外企業と日本企業の事業範囲の相違

前述の GWRA はこうした日本企業の弱みを補完する必要があるため、オールジャパンで取り組もうというものである。図表 10.9 に日本企業の事業範囲を整理した。

日本企業が新興国で水ビジネスの競争に勝つ方法は、低価格帯で戦うか、他国が追い付けない技術力を付加価値として市場に参入するかの 2 通りとなる。しかし、日本の部材・部品・機器製造企業は先進国では価格的に競争は可能であるが、新興国では現地企業の低コストに打ち勝つことが難しい。また、新興国で高品質・高機能の製品を必要としていないことが多いため、得てして価格競争に巻き込まれることが多い。よって、部材・部品・機器製造企業は工場を現地化するなどの工夫が必要となる。すでに東レ、クボタは膜製造では中国の膜製造企業と合弁会社を設立して製品の低コスト化に取り組んでいる。

エンジニアリング企業は EPC での提案を行う場合には現地の部品を仕様に入れ、コスト削減に取り組んでいる。日系進出企業も今や日本製品にこだわってはおらず、「現地の規制・基準に適合する製品であれば現地の部材・部品・機器製造企業もしくはエンジニアリング企業で構わない」との姿勢である。部材・部品・機器製造企業の場合はメンテナンスおよび消耗品を、エンジニアリング企業はコンサルティングおよび顧客対応・体制をしっかりと構築できない

と現地企業も心配である。そのため、現地で対応できる能力を備えることができるのかが鍵となる。

　一方、商社は海外では事業主体者としてのワンストップサービスも視野に入れ動いている。現地の上下水処理場の現地企業との共同運営（M&A、SPC設立）などで長期運用での安定収入をねらっている。上下水事業は事業主体から下請に事業の広がりがあることから、複数の処理場の案件を獲得し、運営コストを低減させ、市場でのバーゲニングパワーを握るかが重要である。その意味では、海外で上下水道および産業系の水処理市場を戦えるのは資本力のある商社であろう。ただ最近はエンジニアリング企業の水ing、日立プラントテクノロジー、メーカーの顔も持つメタウォーター、旭化成、三菱レイヨンなどが事業運営の市場に参入する動きもある。自らが事業リスクを取って事業運営を行う姿勢でないと、価格の高い自社製品を導入できないことに気づきつつある。

10.3　水ビジネスのゆくえ

　世界の水市場は図表10.10に示すように欧州の水メジャー（前述のヴェオリア・ウォーターやスエズエンバイロメントなど）が席巻しており、彼らが手を付けていない地域はアジア周辺国、アフリカのみである。ただ、MENA諸国、中国、ASEANなどは潜在的な市場が大きい。したがって、後発である日本企業も進出し、事業を拡大する可能性は十分ある。

　対象としても上下水のEPC事業は2025年においては成長ボリュームゾーンであることが図表10.11に示されている。

　日本は海水淡水化の水処理膜および排水処理の膜処理技術、産業用の超純粋製造技術、上水の殺菌、消臭、脱色に利用されるオゾン処理、大型の揚水ポンプ、漏水防止・検査技術に高度な技術を有している。

　日本企業は、新興国を参入障壁が低く、しかも大きな市場であると見ているが、いかに価格競争で勝ち抜くか、地元業者の技術力が向上した際に新たな技術革新で付加価値を創造できるか、収益性の高い事業をプライムコントラクターとして事業権を取れるか、メンテナンスノウハウを当該国で保有できるのかなど、課題が山積している。欧州メジャーも同様に新興国市場に参入している

	水資源豊富 ←――――――→ 水資源不足	
	従来技術の領域	先進技術（造水・下排水・高度処理・地下水処）
資金潤沢 ↑ 第三段階の国・地域	A 世界各国 すでに欧州水メジャーが優位な地域	C MENA諸国、中国都市部… すでに欧州水メジャーが優位な地域
第二段階の国・地域 ↓ 第一段階の国・地域 資金欠乏	B マレーシア、タイ、インドネシア、インド、ベトナム… 欧州水メジャー進出開始	D アジア周辺国、アフリカ 一部地域を除き未進出

A…既に欧州2大メジャーが優位な地域であり、参入には国家的戦略が必要
B…ODAなど日本の国際貢献が活発に行われている地域
C…日本の先進技術を活用し、進出可能な地域、ただし、革新技術の創出が不可欠

（出典）　産業競争力懇談会（COCN）：「水処理と水資源の有効活用技術プロジェクト報告書」，2008年

図表 10.10　世界の水ビジネスのカテゴリー

■：成長ゾーン　□：ボリュームゾーン　■：成長・ボリュームゾーン
（市場成長率2倍以上）　（市場規模10兆円以上）

（上段：2025年…合計87兆円、下段（かっこ内）：2007年…合計36兆円）

	素材・部材供給コンサルティング・建設・設計	管理・運営サービス	合計
上水	19.0兆円 （6.6兆円）	19.8兆円 （10.6兆円）	38.8兆円 （17.2兆円）
海水淡水化	1.0兆円 （0.5兆円）	3.4兆円 （0.7兆円）	4.4兆円 （1.2兆円）
工業用水・工業下水	5.3兆円 （2.2兆円）	0.4兆円 （0.2兆円）	5.7兆円 （2.4兆円）
再利用水	2.1兆円 （0.1兆円）	—	2.1兆円 （0.1兆円）
下水（処理）	21.1兆円 （7.5兆円）	14.4兆円 （7.8兆円）	35.5兆円 （15.3兆円）
合計	48.5兆円 （16.9兆円）	38.0兆円 （19.3兆円）	86.5兆円 （36.2兆円）

（出典）　Global Water Market2008 および経済産業省試算，（注）1ドル＝100円換算

図表 10.11　世界水ビジネス市場の分野別成長見通し

ため，後発である日本企業が彼らとの競争の中でいかに勝ち残るかが重要である。特に中国ではローカル企業が欧州メジャーと合弁企業を作ることで，彼らから運営ノウハウ等を吸収しており，さらにはインド，ASEANに進出しようと目論んでいる。中国企業はエネルギー・通信インフラ分野ですでにアフリカ諸国の開発を支援していることから，水分野でも進出していくことが推測される。

第 10 章の参考文献

［1］『我が国水ビジネス・水関連技術の国際展開に向けて －「水資源政策研究会」取りまとめ－』，経済産業省 産業技術環境局産業技術政策課 地域経済産業グループ産業施設課 通商政策局企画調査室，2008 年．
［2］「水道事業における民間的経営手法の導入に関する調査研究報告書」，総務省，2006 年．
［3］ 長沢伸也・今村彰啓 共著『水ビジネス論－ヴェオリア，スエズを超えて－』，同友館，2012 年．

第11章 海洋資源関連ビジネス

11.1 海洋資源関連ビジネスの背景

11.1.1 海洋資源関連ビジネスとは

　海洋資源関連ビジネスとは、海底・海洋に存在する多くの資源(原油・天然ガス、非鉄金属を含む鉱物、化学物質、漁業資源)の採掘、販売する事業、およびそれに必要となる機器の開発を指す。本章では、メタンハイドレートおよび鉱物に焦点をあて紹介する。

11.1.2 海洋資源関連ビジネス発展の背景

　日本の海は世界第6位の面積を誇る。1982年の国連海洋法条約によって定められた排他的経済水域に領海を加えた面積である。国連はこの排他的経済水域において沿岸国が同国の資源に対する権利を認めている。日本は海洋上に多くの島を保有することから排他的経済水域面積が多く、領海と排他的経済水域を足した面積は、約447万km^{2}で、アメリカ(767万km^2)、オーストラリア(701万km^2)、インドネシア(541万km^2)、ニュージーランド(483万km^2)、カナダ(470万km^2)に次いで世界6位である。

　海洋での各国の権利は領海における主権と排他的経済水域における主権的権利があり、双方の意味するところは「その国の海」なのである。排他的経済水域は国連海洋基本法で明文化されている。同法は1958年、1960年、1973年から1982年の3回にわたり、排他的経済水域での漁業権拡大、海洋利用、海洋

資源の重要性が審議され、1982年に条文が国連で策定された。日本は14年後の1996年に同法を批准している。

11.1.3　隣国との交渉の中での排他的経済水域

2010年9月、尖閣諸島で漁業を行っていた中国漁船を日本の巡視船が拿捕した。排他的経済水域での無害通航権は認められるが、漁業については沿岸国の許可が必要となる。同漁船は許可なしに操業していたため問題となった。

隣国との自国領土主張で対立している事例はほかにも、竹島（無人島）、北方領土（ロシア人が居住）があり、問題が複雑化している。一方、日本の最南端、小笠原諸島の900km南西に位置する沖ノ鳥島は高潮時には$10m^2$に満たない面積となってしまう。国連海洋法条約上は、高潮時に水面に出ている陸地を島

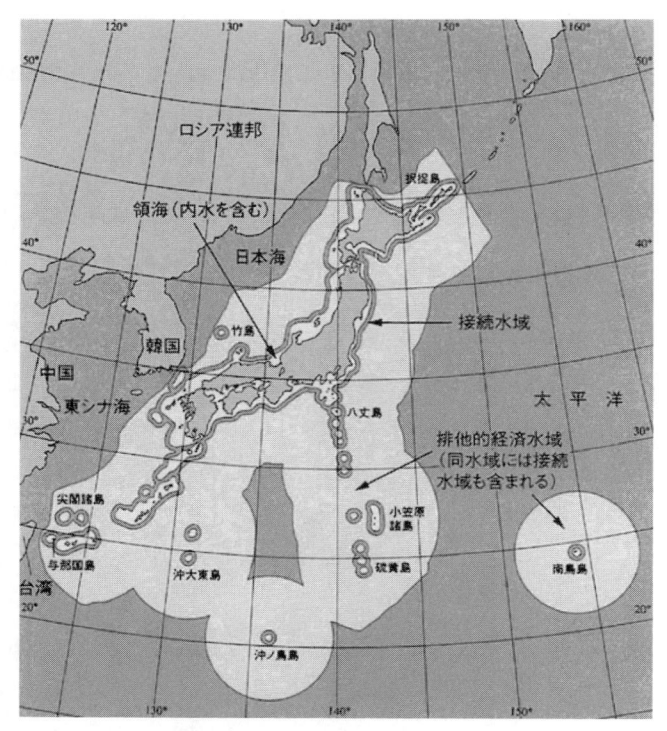

（出典）「昭和57年度漁業白書（世界の200海里水域）」，海上保安庁，1982年
図表11.1　日本の排他的経済水域

と定義している。したがって、現状では「島」であるが、2050年には地球温暖化による海面上昇により水没してしまうと見られている。沖ノ島が島として認められなくなってしまうと、周囲200海里、41万km^{2}という多大な排他的経済水域が消滅してしまう。これは日本の全領土より広い面積である。

日本は島の存在により、海洋資源を確保しているのである(図表11.1)。

11.1.4　大陸棚の延伸による更なる排他的経済水域の拡大

海洋資源は海底下に目を移せば、大陸棚の権利をどのように考えるかで、資源を有効に確保できる(図表11.2)。

国連海洋法条約では領土の延長線上として捉えられており、領海12海里、またその外200海里を排他的経済水域としているが、大陸棚が伸びている場合、大陸棚の斜面の変化の最も大きい場所を「脚部」と規定し、そこから、さらに60海里延長可能であり、領海の基線(沿岸)から最大350海里まで認められることとなっている。もしくは、2500m等深線から100海里までとなっている。なお、大陸棚の延長が認められる地域は、大陸棚である堆積岩の厚さが脚部までの距離の1%になるまでの場所である(図表11.3)。

現在、日本は国連の大陸棚限界委員会に、7つの海域(九州－パラオ海嶺南

図表11.2　国連海洋法条約上の主権的権利拡大の可能性

基線からの距離

	陸域	基線	～　12海里	～　24海里	～　200海里	
海面海中海底	内水	領海	接続水域＊ 排他的経済水域(EEZ)			公海
	沿岸国の主権	無害通航権 (沿岸国以外の権利)				
		沿岸国の主権	天然資源の開発 人工島や設備の設備			
			科学調査にかかわる主権的権利			
			海洋環境保護			
大陸棚			天然資源の開発		天然資源の開発	深海底
			科学調査にかかわる主権的権利		科学調査	
			海洋環境保護		海洋環境保護	

網掛け部は大陸棚延伸による拡大

(出典)　辻野照久：「科学技術動向研究　レポート2」, 科学技術政策研究所, 2007年

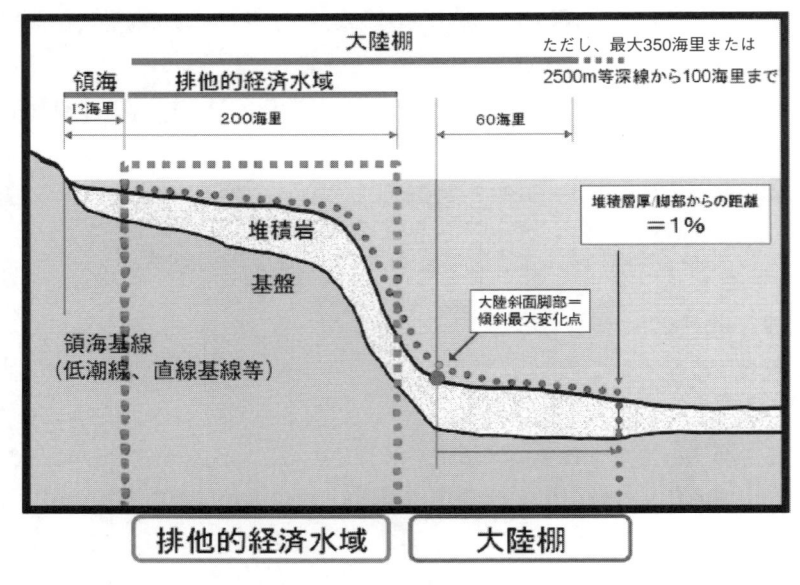

(出典)「海上保安レポート 2005」，海上保安庁，2005 年
図表 11.3　海洋法条約における大陸棚の定義

部海域、南硫黄島海域、南鳥島海域、茂木海山海域、小笠原海台海域、沖大東海嶺南方海域、四国海盆海域)の7ヵ所を棚の延伸箇所として申請している。

11.1.5　海洋資源関連の法制度の整備

2007年7月、海の日に「海洋基本法」が施行された。海洋基本法には、主に海洋基本計画を策定すること、その中での基本的政策、総合海洋政策本部の内閣内の設置について記されている。海洋基本法の概要を図表11.4に示す。

同法第16条において「政府は、海洋に関する施策の総合的かつ計画的な推進を図るため、海洋に関する基本的な計画(以下「海洋基本計画」)を定めなければならない」とし、具体的な計画として2008年3月に海洋基本計画が閣議決定されている。本計画は2012年を目途に3つの目標を立てている。第一に、海洋における全人類的課題への先進的挑戦。第二に、豊かな海洋資源や海洋空間の持続的可能な利用に向けた礎づくり。第三に、安全安心な国民生活の実現に向けた海洋分野での貢献としている。図表11.5に海洋基本計画の概要を示

背景
- 国連海洋法条約の発効（1994年発効、1996年我が国が批准。排他的経済水域の国際秩序を規定等。）
- 海洋権益の確保に影響を及ぼしかねない事案の発生等、様々な海の問題の顕在化

第1章　基本理念
- 海洋の開発及び利用と海洋環境の保全との調和
- 科学的知見の充実
- 海洋の総合的管理
- 海洋の安全の確保
- 海洋産業の健全な発展
- 国際的協調

第2章　海洋基本計画
海洋に関する施策についての基本的な方針、政府が総合的かつ計画的に講ずべき施策等を規定。おおむね5年ごとに見直し。

第3章　基本的施策
① 海洋資源の開発及び利用の推進
② 海洋環境の保全等
③ 排他的経済水域等の開発等の推進
④ 海上輸送の確保
⑤ 海洋の安全の確保
⑥ 海洋調査の推進
⑦ 海洋科学技術に関する研究開発の推進等
⑧ 海洋産業の振興及び国際競争力の強化
⑨ 沿岸域の総合的管理
⑩ 離島の保全等
⑪ 国際的な連携の確保及び国際協力の推進
⑫ 海洋に関する国民の理解の増進と人材育成

第4章　総合海洋政策本部
- 内閣総合海洋政策本部の設置
  - 本部長：内閣総理大臣
  - 副本部長：内閣官房長官、海洋政策担当大臣
  - 本部員：すべての国務大臣
- 事務局の設置（内閣官房に設置）

（出典）「総合資源エネルギー調査会鉱業分科会　資料5」，経済産業省，2008年

図表 11.4　海洋基本法の概要

第1部　基本的な方針

① 海洋の開発及び利用と海洋環境の保全との調和
水産資源の固定、エネルギー・鉱物資源の技術開発プログラムの策定等が必要

② 海洋の安全の確保
安全の確保のための制度の整備と体制強化、海上交通の安全確保、自然災害の脅威への対応強化等が必要

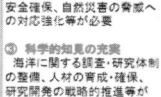

③ 科学的知見の充実
海洋に関する調査・研究体制の整備、人材の育成・確保、研究開発の戦略的推進等が必要

④ 海洋産業の健全な発展
海洋産業の国際競争力や経営基盤の強化、新産業創出の促進等が必要

⑤ 海洋の総合的管理
海洋の様々な特性を総合的に検討する視点を持って、国際秩序の形成、EEZ等の適切な管理等に取り組むことが必要

⑥ 海洋に関する国際的協調
海洋秩序の形成・発展に先導的役割を果たすとともに、国際司法機関の活用・支援、国際連携・協力の積極的推進等が必要

第2部　政府が総合的かつ計画的に講ずべき施策

① 海洋資源の開発及び利用の推進
水産資源の管理措置の充実、取締り強化等。エネルギー・鉱物資源の商業化に向け資源調査等を推進。

② 海洋環境の保全等
海洋保護区のあり方の明確化と設定、水環境の改善、漂流・漂着ゴミ対策、地球環境保全への貢献。

③ 排他的経済水域等の開発等の推進
大陸棚限界設定の努力。科学的調査等の制度整備を含む検討・措置。エネルギー・鉱物資源開発計画。

④ 海上輸送の確保
外航海運業の国際競争力条件整備、船員等の育成・確保のための環境整備、海上輸送拠点の整備。

⑤ 海洋の安全の確保
安全の確保のための制度の整備、体制強化、海上交通の安全確保、自然災害への対応強化等を推進。

⑥ 海洋調査の推進
海洋管理に必要な海洋調査の実施、海洋情報の一元的管理・提供・蓄積体制の整備。

⑦ 海洋科学技術に関する研究開発の推進等
研究開発の推進、船舶等の施設設備や人材等の基盤整備及び関係機関の連携強化。

⑧ 海洋産業の振興及び国際競争力の強化
経営体質の強化、技術力の維持等による競争力の強化、海洋バイオマス等新技術の開発・導入。

⑨ 沿岸域の総合的管理
総合的な土砂管理等の陸域と一体の施策、適正な利用関係の構築、管理のあり方の明確化等の推進。

⑩ 離島の保全等
離島の保全・管理に関する基本的方針の策定、創意工夫を生かした産業振興等による離島の振興。

⑪ 国際的な連携の確保及び国際協力の推進
周辺海域の秩序、国際約束の策定等に対応。国際的取組への参画、諸分野での協力を推進。

⑫ 海洋に関する国民の理解の増進と人材育成
海の日における表彰等の行事の推進、学校教育及び社会教育の充実、人材の育成。

第3部　その他必要な事項
施策の効果的な実施、関係者の責務及び相互の連携・協力、情報の積極的な公表

我が国の経済社会の健全な発展及び国民生活の安定向上

海洋と人類の共生への貢献

（出典）首相官邸HP資料，2008年

図表 11.5　海洋基本計画の概要

す。海洋基本計画では、政府が計画的および総合的に講ずべき施策について整理している。

本編ではビジネスとして脚光を浴びつつある海洋資源の開発に焦点をあて現状と将来の動向について紹介する。

11.2　海洋資源関連ビジネスの現状

11.2.1　鉱物資源の開発

中国の輸出規制により自動車、家電等のハイテク産業に多大な影響を及ぼしたレアメタル、レアアースは実は海底に存在している。しかも日本の排他的経済水域の海底に存在している（図表11.6）。その1つはマンガン団塊である。これは、じゃがいも状の塊（一般に黒褐色で、多くが1～10cm程度の径）で、深海の表面に敷き詰められたように分布する。同種で、海山の斜面や頂部に玄武岩等の基盤岩を覆うように存在する鉄・マンガン酸化物をマンガンクラストと

図表 11.6　海洋鉱物資源

	海底熱水鉱床	コバルトリッチクラスト	マンガン団塊
説明	海底から噴出する熱水に含まれる金属成分が沈殿してできたもの	海底の岩石を皮殻状に覆う、厚さ数mm～10数cmのマンガン酸化物	直径2～15cmの楕円体のマンガン酸化物で、海底面上に分布
含有するエネルギー・鉱物資源	銅、鉛、亜鉛、金、銀やゲルマニウム、ガリウム等レアメタル	マンガン、銅、ニッケル、コバルト、白金等	マンガン、銅、ニッケル、コバルト、等30種類以上の有用金属を含有
分布する水深	500m～3,000m	1,000m～2,400m	4,000m～6,000m
写真			
賦存・分布場所	沖縄近海や伊豆・小笠原海域に賦存.	南鳥島を中心とする我が国の排他的経済水域(EEZ)およびその周辺海域。	ハワイ沖等の公海に分布。

（出典）　経済産業省：「総合資源エネルギー調査会鉱業分科会　資料5」、2008年

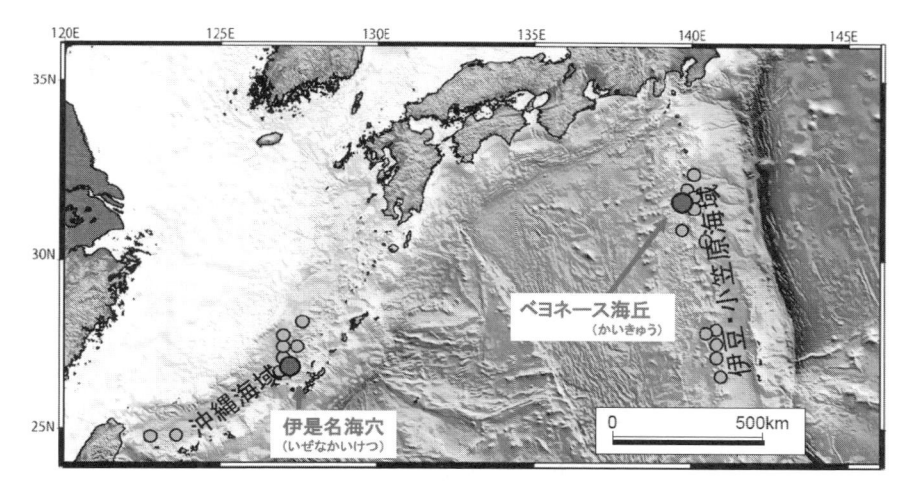

(出典) 「海底熱水鉱床開発計画にかかる第1期中間評価報告書」，METI，JOGMEC，2011年
図表 11.7　海底熱水鉱床の有望サイト

呼び、マンガンクラストでもコバルト(Co)に富む(含有量が約1%以上)マンガン酸化物をコバルトリッチクラストと呼んでいる。

　もう1つは海底熱水鉱床と呼ばれるもので、海底火山の活動にともない、海底に多くの熱水(300℃にもなる)を吹き出すチムニー(噴出口)やその周辺に銅、亜鉛、金、銀、ガリウムなどのレアメタルが含まれている(図表11.7)。

11.2.2　海洋におけるメタンガスの存在

　海洋におけるメタンガスは海底 500 m〜5000 m に存在する。海底下の硬い層と柔らかい層に存在しており、柔らかい層ではメタンガスが飽和した状態で存在しており、硬い層にはメタンハイドレート(メタンを中心にして周囲を水分子が囲んだ形になっている包接水和物)が存在する。メタンハイドレートは海底下では数 100 m まで達しており、堆積層の下に凍土のように存在する。そのため、地震探査ではこの凍土が強い反射面として見つかることから、この境界を海底疑似反射面(BSR：Bottom Simulating Reflector)と呼んでいる。メタンハイドレートの発掘探査はこの BSR を見つけることがポイントである。日本近海で多く見つかっており、三重県沖から四国南側の南海トラフなどに多く集積しているとみられ、総面積は $122,000 km^2$ に及ぶ(図表11.8)。

BSR面積＝約122,000km²

第1回海洋算出試験実施地点
（北緯33度56分東経137度19分）

- BSR（詳細調査により海域の一部に濃集帯を推定） 約5,000km²
- BSR（濃集帯を示唆する特徴が海域の一部に認められる） 約61,000km²
- BSR（濃集帯を示唆する特徴がない） 約20,000km²
- BSR（調査データが少ない） 約36,000km²

（出典）「メタンハイドレート資源化プロジェクト」，MH21，2002年および「メタンハイドレード開発実施検討会（第20回）配付資料」，2011年

図表11.8　日本のBSR分布図

11.2.3　海洋資源を採掘するための海洋工学の発展

　海底熱水鉱床、コバルトリッチクラスト、およびメタンハイドレートなどの多くの海洋資源が存在することは、探査技術の発展で近年見つかったものである。今後は採掘するための技術を飛躍的に推進せねばならない。日本は海洋工学の技術は欧米の後塵を拝しており、アメリカ、カナダなどで開発が進んでいる。もともと軍用開発により進んだ技術であるため、日本では開発が遅れているのである。

(出典) 東京大学生産技術研究所 浦研究室 HP

図表 11.9　無人探査機　r2D$_4$(左)と Tuna Sand(右)

(1) 探査ロボット

　日本でもプログラムされた航路で海底下の状況を調べるロボットが開発されている。以前は有人艇も存在したが、現在では無人艇となっており、自律型無人潜水機（Autonomous Underwater Vehicle：AUV）、遠隔操作無人探査機（Remotely Operated Vehicle：ROV）が探査の主軸となっている。日本では1988年に東京大学生産技術研究所がPTEROA150をパイロット開発した。現在は東京大学産技術研究所浦研究室と海洋工学研究所と海上技術安全研究所により共同開発されたホバリング型のROV「Tuna-Sand」が熱水鉱床の状況や沈没船の撮影に使用されていた。また、潜航深度4000 mで熱水鉱床の地磁気、化学分析を行ったAUV「r2D$_4$」などが活躍した（図表11.9）。

(2) 海底で活躍する重機

　海底で多くの作業を行う施設は海底油田、海底の天然ガスを採取する技術から多くの進歩を遂げている。メキシコ湾やブラジルでは水深2000 mでの石油生産が日常化しつつあり、各国は水深3000 mでの採掘を目指している。メタンハイドレートやコバルトリッチ・クラストも深海に存在することから、石油開発等の技術を応用していくと推察される。

　海底熱水鉱床における標本の採取についてはボーリング調査やグラブリング

(出典) 「海底熱水鉱床開発計画にかかる第 1 期中間評価報告書」, METI, JOGMEC, 2011 年
図表 11.10　深海用ボーリングマシン(左)とパワーグラブ(右)

で行われた。深海用ボーリングマシン(BMS)やパワーグラブ(FPG)が活躍した(図表 11.10)。

(3)　海洋資源ビジネスの展開

　日本では、資源開発は国が主体としてイニシアティブをとっており、民間主導のデベロッパーは存在しない。独立行政法人石油天然ガス・金属鉱物資源機構(JOGMEC)、独立行政法人海洋研究開発機構(JAMSTEC)、東京大学などが調査を行っている状況である。一方、世界に目を向ければ Nautilus Minerals Inc.(本社バンクーバー、以下 Nautilus 社)は、現在までにパプアニューギニア沖 Bismark 海 Solwara 地区における海底鉱物資源探査によって、高品位の金・銀・銅・亜鉛鉱化を把握しており、採掘に向けてサルベージ船会社との契約も進み、2008 年の金融危機時に中断した深海底からの生産を開始し、同社のレポート「Offshore Production System Definition and Cost Study Revision 3－21June 2010」によれば 2 年半で商用生産を行うとしている。

　一方、日本は商用の検討を行う時期を 2018 年としており、現時点で相当な事業化の格差があり、後発産業である。

　しかしながら、日本には AUV などの海洋工学技術、および海洋建設に携わる企業も多く存在する。このため、海洋資源開発ビジネス市場拡大への早急な

スピードアップが望まれる。

11.3　海洋資源関連ビジネスのゆくえ

11.3.1　海底熱水鉱床

経済産業省が2009年より「海洋エネルギー・鉱物資源開発計画」を推進しているなかで海底熱水鉱床(p.139参照)の開発について将来のスケジュールを掲載している。また、2011年3月には3年間の中間報告を公表している(図表11.11)。現状はサイト選定、開発技術の予備的FS、および製錬技術の基礎試験が終了した段階である。

スケジュールを図表11.12に示す。図表11.12にあるように商業化検討は平成30(2018)年からとしており、時間を要する開発スケジュールとなっている。まだ第一期の前半3年が終了した段階であり、道のりは長い。このスケジュールのとおりに進んでいくと前述のノーチラス社および中国、韓国の後塵を拝す

図表11.11　我が国の海底熱水鉱床の3年間の調査実績

項目	内容
○資源量評価	○沖縄海域(伊是名海穴)と伊豆・小笠原海域(ベヨネース海丘)のモデル鉱床において、集中的なボーリング調査等を実施し、鉱床の水平・垂直方向の連続性を確認。結果、一つの鉱床の概略資源(鉱石)量が500万トン程度期待できる可能性が判明。海域全体で10個程度期待できることから同海域の概略資源(鉱石)量は5,000万トンと推定。
○環境影響評価	○資源量評価のモデル鉱床を含む周辺海域において、環境ベースライン調査を実施し、環境影響予測モデルの開発に着手し、環境保全策検討に必要なデータを蓄積。 ○生息生物の遺伝子解析の結果、現時点では、モデル鉱床において固有の種は確認されなかった。
○資源開発技術(採鉱技術)	○現時点での予備的経済性検討の結果(商業的採掘規模としては、1日5,000トン程度が必要と算定)を踏まえて、3つの採鉱システム(採掘、揚鉱、採鉱母船)の最適方式を検討。 ○将来の実証海域での試験機設計に反映させるため、特に、採掘システムについては、小型の採掘要素ごとの試験機の製作を開始。
○製錬技術(選鉱・製錬技術)	○2つの海域の鉱石試料を用いて、既存プロセス(浮遊選鉱ー乾式製錬法)、新技術(湿式製錬法)の適用試験(基礎試験)を実施。 ○沖縄及び伊豆・小笠原海域の試料から、2つの海域それぞれに適合した金属回収のプロセスを検討。

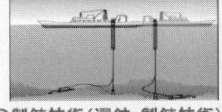

(出典)　「海底熱水鉱床開発計画にかかる第1期中間評価報告書」、METI、JOGMEC、2011年3月

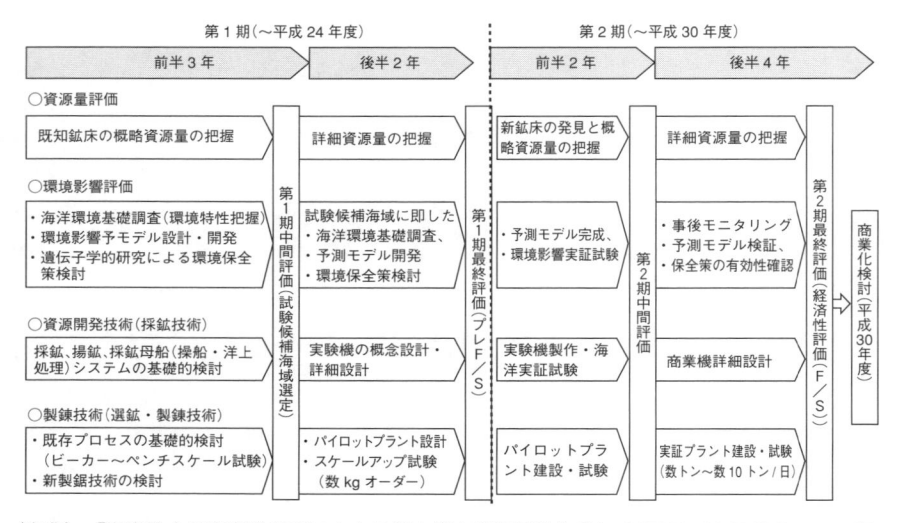

(出典)「海底熱水鉱床開発計画にかかる第1期中間評価報告書」，METI，JOGMEC，2011年

図表 11.12　海底熱水鉱床の商業化スケジュール

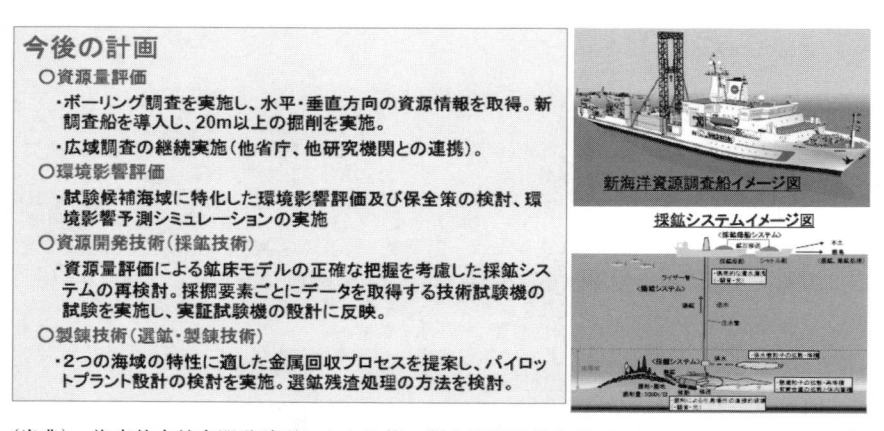

(出典)　海底熱水鉱床開発計画にかかる第1期中間評価報告書，METI，JOGMEC，2011年

図表 11.13　我が国の海底熱水鉱床の今後の計画

可能性が危惧される。

　今後は実証実験先を①沖縄海域(伊是名海穴)、②伊豆・小笠原海域(ベヨネース海丘)とし、同サイトの資源量、環境影響評価を行うとともに、採鉱技術、製錬技術を引き続き検討するとしている。図表11.13に詳細を掲載した。

11.3.2　メタンハイドレートの採掘への期待

　一方、メタンハイドレートは海底熱水鉱床に比べ先行して動いている。経済産業省は2001年に「我が国におけるメタンハイドレート開発計画」を発表し、国はメタンハイドレート資源開発研究コンソーシアムを組織し、フェーズ1が2009年に終了している。現在は第2フェーズの3年目に突入しており、2016年に最終フェーズである第3フェーズに入り、2018年に開発計画を終了するものである。熱水鉱床と計画終了時期は同じであるが、すでに10年もの歳月を費やして検討をしている。2011年8月の経済産業省第20回メタンハイドレート開発実施検討会では2012年2月に海洋産出試験を実施予定と公表した(第1回海洋産出試験実施地点は図表11.8参照)。こうした展開は他国に比べ、トップランナー的ポジションである。日本の海域に多く存在するメタンハイドレートが新しいエネルギーとして活用されていくべきプロセスの大きなターニングポイントである。我が国の天然ガスの消費構造を変えるような動きにつながることを期待する。

第11章の参考文献

[1]　東京大学海洋アライアンス編:『海の大国ニッポン』，小学館，2011年．
[2]　辻野照久:『海底活用のための探査技術　—大陸棚画定調査への貢献—』，出版社，2007年．
[3]　「海底熱水鉱床開発計画にかかる第1期中間評価報告書」，METI，JOGMEC，2011年．
[4]　田村兼吉:『大水深・大深度掘削技術の現状と技術課題』，㈳海洋技術安全研究所，2006年．

第12章
化学物質管理関連ビジネス

12.1 化学物質管理関連ビジネスの背景

12.1.1 化学物質管理関連ビジネスとは

　化学物質は複数の元素もしくは化合部が化学反応により得られる化合物を指す。これら化学物質は自動車や電気電子製品などの産業分野や日常生活のなかでなくてならない物質である。しかしながら、成形品（製品）に含まれる化学物質が、環境被害もしくは健康被害、その他動植物に有害な影響を与えてしまうことが問題となっている。

　そのため、日本のみならず、海外においても化学物質を安全に利用すること、適切に管理することが望まれており、そのプロセスが規格・規則として整備されている。こうした規格・規則に従わないと企業存続が危ぶまれる。また、化学物質の管理は地域の環境の保全、環境保護につながる。今や化学物質の管理は、環境ビジネスの1つとして認識されている。本章では化学物質管理関連ビジネスを整理する。

12.1.2 化学物質管理制度

　図表12.1に日本国内外の化学物質の管理制度などを整理した。横軸に化学物質の使用プロセスを、縦軸に対応する処理をならべた。

　なお、図中のRoHS（Restriction of Hazardous Substance）指令とは電子・電気機器における特定有害物質の使用制限についての欧州連合（EU）による指令

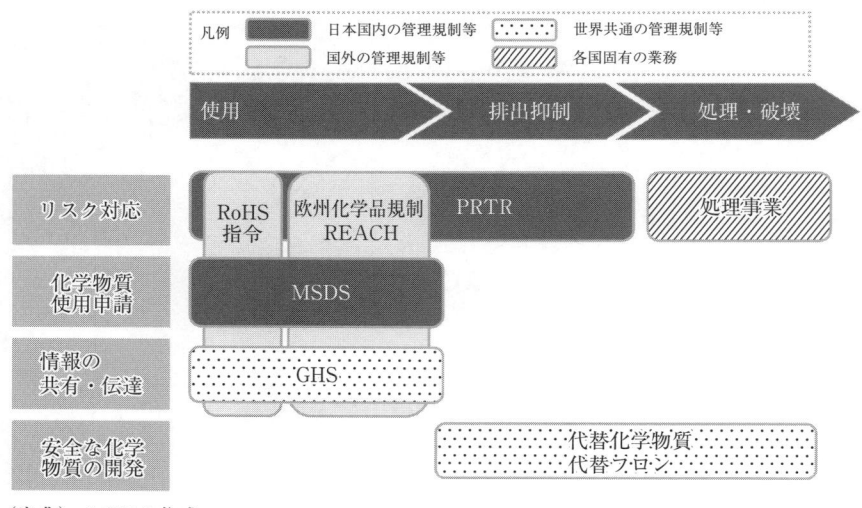

図表 12.1　日本国内外の化学物資の管理規格等

（出典）　MURC 作成

である。REACH とは Registration, Evaluation, Authorization and Restriction of Chemicals の略で、2006 年に欧州で施行された化学品規制である。

　MSDS は、事業者による化学物質の適切な管理の改善を促進するため、対象化学物質または、それを含有する製品をほかの業者に譲渡または提供する際には、その化学物質の特性および取扱いに関する情報を事前に提供することを義務付ける制度である。また、GHS は世界的に統一されたルールに従って、化学品を危険有害性の種類と程度により分類し、その情報がひと目でわかるようにラベルで表示したり、安全データシートを提供したりするシステムである。

　化学物質と環境ビジネスの接点は管理と排出削減にある。化学物資なくては製品ができない場合もあり、企業としては環境保全・保護に配慮して管理していくか、またその体制の構築に注力しているといってよい。特に輸出企業は、欧州化学品規制 REACH や RoHS 指令に特段配慮して管理を行っている。

12.1.3　日本の化学物質をめぐる歴史

　我が国では、1960 年後半から公害被害に対応する形で、化学物質に対する

年	法令
1951	食品衛生法（2009年最終改正）
1952	農薬取締法（2007年最終改正）
1954	建築基準法（2011年最終改正） 毒物及び劇物取締法（2011年最終改正）
1960	薬事法（2011年最終改正）
1968	労働安全衛生法 **大気汚染防止法**
1970	**廃棄物処理法** **水質汚濁防止法**
1972	薬事法（2011年最終改正）
1973	化学物質審査規制法（2011年最終改正） 有害家庭用品規制法（2009年最終改正）
2000	化学物質排出把握管理促進法
2001	フロン回収破壊法（2007年最終改正）
2002	**土壌汚染対策法**

（出典） MURC作成

図表12.2　日本の化学物質に関する法規制の変遷

管理がなされてきた。図表12.2に関連する法規制を整理する。また、経済産業省によれば、化学物質に関する規制は2つに分類して規制してきた。1つは人が身近な製品経由で摂取する化学物質の規制（用途規制）、もう1つは人が環境経由で影響を受ける化学物質の規制（環境規制）である。図表12.3に関連を整理したものを添付する。

高度成長期の1950〜1960年代には多くの公害が表面化した。1956年の水俣病、1960年の四日市ぜんそく等、企業が引き起こした公害はすべて化学物質が原因となっている。

化学物質審査規制法（以下、化審法）はこれら多くの公害事件を経て、1973年に施行された。化学物質の排出が環境を経由して、人や動植物に対して長期的に悪影響（化学物質の毒性や難分解性、高蓄積性）を及ぼすことを防止するため化学物質を管理するためである。新規化学物質に対しては審査制度を導入している。化審法はカバーする範囲が広いことから、我が国の化学物質管理規制

化学物質を規制する法律はたくさんあるが、大きく分けると2種類に分類できる
①人が身近な製品経由で摂取する化学物質の規制（用途規制） ②人が環境経由で影響を受ける化学物質の規制（環境規制）

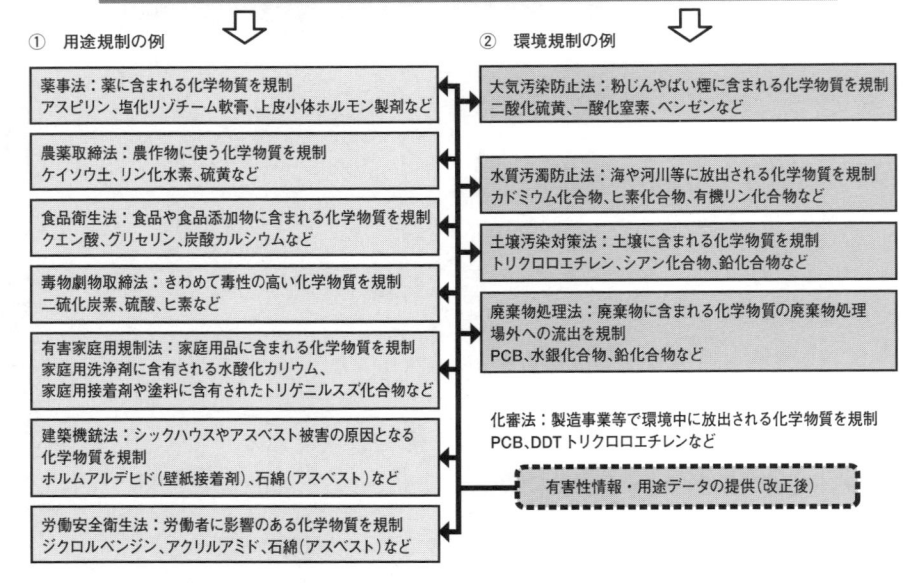

① 用途規制の例　　　　　　　　　　　② 環境規制の例

薬事法：薬に含まれる化学物質を規制
アスピリン、塩化リゾチーム軟膏、上皮小体ホルモン製剤など

大気汚染防止法：粉じんやばい煙に含まれる化学物質を規制
二酸化硫黄、一酸化窒素、ベンゼンなど

農薬取締法：農作物に使う化学物質を規制
ケイソウ土、リン化水素、硫黄など

水質汚濁防止法：海や河川等に放出される化学物質を規制
カドミウム化合物、ヒ素化合物、有機リン化合物など

食品衛生法：食品や食品添加物に含まれる化学物質を規制
クエン酸、グリセリン、炭酸カルシウムなど

土壌汚染対策法：土壌に含まれる化学物質を規制
トリクロロエチレン、シアン化合物、鉛化合物など

毒物劇物取締法：きわめて毒性の高い化学物質を規制
二硫化炭素、硫酸、ヒ素など

廃棄物処理法：廃棄物に含まれる化学物質の廃棄物処理場外への流出を規制
PCB、水銀化合物、鉛化合物など

有害家庭用規制法：家庭用品に含まれる化学物質を規制
家庭用洗浄剤に含有される水酸化カリウム、
家庭用接着剤や塗料に含有されたトリゲニルスズ化合物など

化審法：製造事業等で環境中に放出される化学物質を規制
PCB、DDT、トリクロロエチレンなど

建築機械法：シックハウスやアスベスト被害の原因となる化学物質を規制
ホルムアルデヒド（壁紙接着剤）、石綿（アスベスト）など

有害性情報・用途データの提供（改正後）

労働安全衛生法：労働者に影響のある化学物質を規制
ジクロルベンジン、アクリルアミド、石綿（アスベスト）など

（出典）　経済産業省製造産業局化学物質管理課，HP 資料

図表 12.3　日本の化学物質規制体系と具体例

の核となっている法規制である。

12.1.4　世界の潮流

化審法は1973年施行以降、2003年までに2度改正し、2011年に最終改正されている。その間日本の化学物質をめぐる動きは、国際的な動向に影響を受けながら、かつその動きに適合しながら、適正な管理の形を模索している。以下、国際的な議論および規制動向を整理する。

(1)　ヨハネスブルグ実施計画

ヨハネスブルク実施計画とは、2002年に世界首脳会議（WSSD：World Summit on Sustainable Development）が開催されたヨハネスブルグにおいて

合意された計画である。1992年の「国連環境開発会議（リオサミット）」から10年目にあたる節目の会議であった。リオサミットで策定された「アジェンダ21（持続可能な開発のための具体的行動計画）」を検証する目的とされた同会議では、「貧困の撲滅、水と衛生、持続可能な生産と消費、エネルギー化学物質、天然資源の管理、企業の責任、保健、アフリカのための持続可能な開発等」の項目において公約と達成期限が定められている。下記に化学物質における目標等を整理すると以下の6項目である。

① 2020年までに、人間の健康と環境に大きな悪影響を与えない方法で化学物質の使用と生産を行うようにする。
② そのライフサイクルを通じ、化学物質および有害廃棄物の健全な管理に対するコミットメントを新たにする。
③ 化学物質と有害廃棄物に関する国際条約の批准と実施を促進することにより、ロッテルダム条約が2003年までに、ストックホルム条約が2004年までに発効できるようにする。
④ 「2000年以降に向けたバイア宣言および行動優先課題（Bahia Declaration and Priorities for Action beyond 2000）」に基づき、2005年までに、国際化学物質管理に対する戦略的アプローチをさらに発展させる。
⑤ 化学物質の分類およびラベリングに関する新たなグローバル統一システムの実施を各国に促し、2008年までにこのシステムの全面的な実施を図る。

その後の流れについては経済産業省製造産業局化学物質管理課が整理している。同課によれば、「2006年には，WSSD合意に向けた具体的な行動を進めるべく、国際化学物質管理会議において、国際的な化学物質管理のための戦略的アプローチ（SAICM：Strategic Approach to International Chemicals Management）が策定された」としている。各国は化学物質管理制度をハザードベースからリスクベースへ転換することが求められたのである。欧州においては，2007年6月に新化学品規制REACHが施行され、米国では，すべての上市された化学物質のリスク評価を実現するべく「USチャレンジプログラム」を実施している。

(2) ストックホルム条約

ストックホルム条約の背景には、1992年6月の国連環境開発会議(UNCED)で採択された「アジェンダ21」の第17章に、海洋汚染の大きな原因となっている物質の1つとして「合成有機化合物」をあげたことがある。その後の経過は以下のようなものである。

① 1993年の国連環境計画(UNEP)第17回管理理事会
② 1995年10月～11月 米国国務省とUNEPの共催による100か国からなる政府間会合
③ 1997年2月の第19回UNEP管理理事会を経て、
④ 2001年5月、ストックホルムで行われた外交会議で条約採択

ストックホルム条約に定められたPOPsに対する対応は、我が国では非意図的生成を除き化審法第一種特定化学物質に指定し、製造・輸入を規制することで担保されている。

(3) ウィーン条約およびモントリオール議定書

冷蔵庫の冷媒、電子部品の洗浄剤等として使用されていたCFC (chlorofluorocarbon：フロン)、消火剤のハロン等は、大気中に放出され成層圏に達すると塩素原子などを放出し、生物に有害な影響を与える紫外線の大部分を吸収しているオゾン層を破壊している。

オゾン層の破壊にともない、地上に達する有害な紫外線の量が増加し、人体への被害および自然生態系に対する悪影響がもたらされることが、1970年代中頃より指摘され始めた。これに対応するべく議論が展開された。その後、1985年3月にオゾン層の保護を目的とする国際協力のための基本的枠組みを設定する「オゾン層の保護のためのウィーン条約」が締結された。さらに、1987年9月に、同条約の下で、オゾン層を破壊するおそれのある物質を特定し、当該物質の生産、消費および貿易を規制して人の健康および環境を保護するための「オゾン層を破壊する物質に関するモントリオール議定書」が締約された。現在では、我が国を始め185カ国(2012年1月現在)がモントリオール議定書を批准している。すでに先進諸国では1996年末にCFC-11やCFC-12の生産と使用を全廃し、オゾン層破壊物質(ODS)であるCFC、HCFC、1,1,1-

トリクロロエタン、四塩化炭素、ハロン、臭化メチルの使用削減が行われてきた[8]。2007年に再度モントリオールにて開催されたウィーン条約第19回締約国会議において、先進国については、HCFC（hydrochlorofluorocarbons）類の生産・消費量を2010年までに75%、2015年までに90%削減し、2020年には完全に廃止すること、また、途上国については、2015年までに10%、2020年までに35%、2025年までに67.5%削減し、2030年には完全に廃止することとなった。

12.2 化学物質管理関連ビジネスの現状

12.2.1 RoHS指令による日本企業の影響

　世界にはさまざまな化学物質規制制度がある（図表12.4）。これら世界の動きのなかでの欧州の積極的な展開に対し、日本企業は受け身となっている。特にリスク対応において適切に布石を打ってイニシアチブを取っているのはREACH、RoHS指令（電子・電気機器における特定有害物質の使用制限についての欧州連合（EU）による指令である。この2つのEUの指令が出るまで日本は鉛、水銀、カドミウム、六価クロム、ポリ臭化ビフェニル（PBB）、ポリ臭化ジフェニルエーテル（PBDE）の6物質が対象）に受動的に対応している状況であった。

図表12.4　諸外国における主な化学物質規制制度一覧

国名	規制制度
アメリカ	有害物質規制法（TSCA）
カナダ	カナダ環境保護法（CEPA）
スイス	危険な物質及び調剤からの保護に関する連邦法（化学品法、ChemG）
オーストラリア	工業化学品届出・審査法
中国	新化学物質環境管理弁法（弁法）
	電子情報製品汚染制御管理方法（中国版RoHS）
韓国	有害化学物質管理法（法）

（出典）　MURC作成

一方、RoHS 指令が公表される 2 年前の 2001 年にはソニーが「プレイステーション PSone®」にカドミウムが混入されていたことがオランダ税関と環境検査庁にて発覚し出荷停止となった事件がある。その後、ソニーは「カドミウムを製品に入れさせない仕組みをつくる」ことを宣言し、出荷停止の措置が解除された。

RoHS 指令が公表されたのは 2003 年 2 月であった。当時は RoHS 指令により、電子部品および家電製品の原料調達争いが起こる恐れがあるとされていた。こうした動きを先読みし、2003 年の夏には、米国 Texas Instruments Inc.(TI 社) は部品の供給停止に関する新たな方針を公表した。NEC の 2004 年の「NEC 環境アニュアルレポート 2004」を見ると、サプライ・チェーン管理（SCM）システムの運用が CO_2 排出量の削減に大きく貢献した一方、有害物質の廃止と代替物質の実用化は、解決に向けて中期的に取り組む必要があるとの認識を示しており、RoHS 指令への対応に苦慮している様子がうかがえる。

RoHS 指令では関連する廃電気・電子製品に関する欧州連合（EU）の指令である WEEE[1] との同時期の施行により、日本の家電輸出企業は製造原料の調達および製品ラインの見直しに相応の対応を迫られ、業界に多くの負担対応が強いられた。

現在では、その混乱から積極的な対応に転換し、多くの企業がグリーン調達基準を定めるなど、企業の原料調達の枠組みができ上がり、川上の原料および部品供給企業まで一貫した基準を順守できている。

12.2.2　リスク対応とグリーン調達

2005 年の富士通グループの環境報告書を参照すると、「2003 年 2 月に公布された EU（欧州連合）加盟国による特定有害物質の使用制限指令（RoHS 指令）への対応として 2004 年 11 月に「富士通グループ　グリーン基準」を改訂（第 3.0 番）し、有害物質含有の定義などについて見解を明示しました」と記され、2004 年 10 月には取引先を招いて RoHS 対応部品展示会を開催している。

日本では 2001 年 4 月、グリーン購入法（国等による環境物品等の購入の推進

---

1)　WEEE：Waste Electrical and Electronic Equipment Directive，WEEE Directive

等に関する法律)が施行していたこともあり、多くの企業でRoHS指令などの化学物質への対応をグリーン調達基準に盛り込むこと自体はスムーズであったようだが、川上企業の代替物質への切り替えには相当な苦労があった。現在、多くの部品メーカーでグリーン購入基準の中に化学物質への対応が盛り込まれている。以前はグリーン購入基準を満たす取引先からの購入を優先するだけだったが、現在ではこれを満たすことが取引の必須条件となっている企業も存在する。

12.2.3　フロン代替物質の開発

　フロン物質の削減はODP[2]値の高いCFC類、HCFC類を削減することであるが、日本の企業が積極的な展開をし、日本ではCFC類は1995年に全廃となり、エアコン等の空調冷媒は代替フロンであるHCFC-22に移行した。しかし、このHCFC-22もモントリオール議定書により2020年には全廃の必要がある。そのため日本の空調業界はHCFC-22の代替冷媒であるHFC-410aにすでに移行している。モントリオール議定書に影響を受ける冷媒物質の代替は業界をあげて先手を打っており、世界において先進的な動きをしている。

　モントリオール議定書におけるビジネスの動きは3つある。1つ目はHCFC代替物質の動きである。2020年までにHCFCを全廃することが必要であり、化学品メーカーは代替物質の開発に力を入れている。それも、外資系メーカーが世界市場をリードしている。ハネウェル(HFC-245fa、HFO-1234ze、HBA-1、HBA-2)、アルケマ(AFA-G1、AFA-L1)、デュポン(FEA-1100)フォームサプライヤー(Methyl Formate)など、欧米の化学メーカーが多くのパテントを保有している。日系企業では、ダイキン工業がアルケマと共同で「アルケマダイキン先端フッ素化学(常熟)有限公司」を2007年11月に設立し、「HFC-125」を中国の江蘇省常熟市で生産している。

　2つ目は、HCFCの代替物質の応用技術である。特に日本ではHCFCの代替技術に秀でている。現在、フロン物質は冷蔵庫、エアコン、断熱材やクッシ

---

[2]　ODP：Ozone Depletion Potential（オゾン破壊係数）は、大気中に放出された単位重量の物質がオゾン層に与える破壊効果を、CFC-11（トリクロロフルオロメタン、CCl3F）を1.0とした場合の相対値。

図表 12.5　各セクターで開発が進む HCFC 代替技術

各セクター	技術分野	技術名・製品名
空調	冷媒・冷媒関連技術	・冷媒用代替物質 HFE-143m、COF2、HFE-245mc の合成技術開発
	加熱冷却関連技術	・低 GWP 冷媒を使用した省エネ空調機の研究 ・住宅用ノンフロン型省エネ調湿システムの開発 ・過冷却回路による CO_2 冷凍システムの高効率化技術の開発 ・CO_2 冷凍サイクルの高効率化技術の開発 ・CO_2 ビル用マルチ空調機の研究開発 ・住宅用コンパクト再生方式省エネ型換気空調システム ・CO_2 二次冷媒式ヒートポンプ空調機の開発 ・炭酸ガスを冷媒とする廃熱利用冷凍空調システムの開発 ・カーエアコン用空気サイクル・デシカントシステムの開発 ・CO_2、プロパンガスの混合冷媒使用の圧縮蒸発式冷凍機サイクルにて、低温ブラインを循環させるノンフロン型冷凍装置の開発 ・ハイドロカーボン系冷媒業務用空調 ・CO_2 冷凍サイクルの高効率化技術の開 ・給湯ヒートポンプ（商用） ・エジェクターを適用した高効率カーエアコンシステム ・EV 用ヒートポンプ空調システム ・沸騰冷却クーラー
	自然冷媒特有の安全技術	・実用的な性能評価、安全基準の構築
	回収技術	・ビル用マルチエアコンの冷媒漏洩検知システム ・業務用冷凍機の冷媒漏洩検知システム
ポリウレタンフォーム	冷媒	・発泡用代替物質 HFE-245fa の合成技術開発
	発泡法	・現場超臨界炭酸ガス発泡法 ・ノンフロンウレタン断熱技術の研究開発 ・水発泡（もしくは、超臨界 CO_2 発泡）による、新規現場発泡高断熱ウレタン発泡材の 技術開発 ・発泡剤の気相／液相制御技術等による現場発泡高断熱ウレタンフォームの技術開発
XPS フォーム	発泡法	・高断熱性ノンフロン押出発泡体の研究開発
洗浄剤		・HFE-72DE ・発泡用・洗浄用代替物質 HFE-347pfc の合成技術開発
溶剤		・エッチング用代替物質 CF3I の合成技術開発 ・マグネシウム用代替カバーガス OHFC-1234ze、CF3I 等の開発

（出典）　MURC 作成

ョンの発泡剤、半導体や精密部品の洗浄剤、スプレーの噴射剤（エアゾール）などさまざまな用途に活用され、特に1960年代以降、先進国を中心に爆発的に消費されるようになっている。こうしたなか、日本はフロン回収破壊法が2001年に制定されたこともきっかけとなり、先進国はフロン物質の削減に力を入れている。特に冷蔵冷凍・空調分野でドラスティックな動きをしている。冷蔵冷凍設備ではアンモニア冷媒の開発等で、空調機械は前述のとおり、HFC-410aの利用で研究開発が進んだ。これにはコンプレッサーなどの機械設備の研究、省エネ性能の向上と冷熱の有効利用技術等のビジネスが展開された。その結果、それら設備は代替フロン物質を使用しながらも、世界に誇るべき省エネ性能を持つ製品となり、世界でも先進的な技術を保有する結果となっている。HCFC代替物質を活用する代替技術について図表12.5に整理した。

3つ目は開発途上国におけるHCFC Phase Out Management Plan（HPMP）への支援である。モントリオール議定書では開発途上国のフロン類規制措置実施の支援のためのモントリオール基金と呼ばれる国際基金を93年に組成した。実際には世界銀行、UNEP、UNDPおよびUNIDOが援助する）から資金が創出され、現在、各開発途上国ではHPMPが構築され、その計画に則り、具体的な削減プログラムが行われ、先進国はその削減プログラムに関連する設備導入の動きを展開している。

12.3 化学物質管理関連ビジネスのゆくえ

製品内に含まれる化学物質の規制については先進国においては欧州化学品規制REACHや欧州RoHS指令などにより整備が進んでいるが、今後は新興国、発展途上国での規制動向が注目されるところである。

一方、フロン物質については、前述の代替フロン物質の開発と製品への応用技術の開発競争が一段と激しくなると見られる。特に化学メーカーは自社製品を世界のスタンダードにするべく自動車（カーエアコン）、家電（空調機、冷凍庫、冷蔵庫）、建材（ウレタン製品）等へのテスト利用を促す動きをさらに強めていくであろう。各業界でどのフロン代替物質がスタンダードになるかで、製造業は企業の設備投資、営業戦略を練り直すこととなり、各国政府も自国の製

造業を支援する動きがさらに増すことが予測される。

　国内では湖沼・湾などの閉鎖性区域に排出される難分解性有機物を規制する動きがみられる。閉鎖性区域では発生源対策がなんらかの形で行われているはずであるが、有機物濃度(化学的酸素要求量：COD)の増大傾向が観察されている。何らかの難分解性有機物[3]による水質汚濁が進行しているのである。

　日本では、東京湾、伊勢湾および大阪湾、瀬戸内海については現在の水質が悪化しないよう必要な対策を講じる観点から、2014年度を目標年度として、第7次水質総量削減に係る総量削減基本方針が、公害対策会議の議を経て平成23年6月15日付けで環境大臣から策定され、削減の目標およびその達成のための方途などを示している。

　アジアを含むその他の国々でも表面水の汚染の深刻化などが予測される。したがって、今後は難分解性有機物を処理するビジネスが次第に増えるかもしれない。すでにオゾン処理[4]、フェントン浄化法[5]、膜処理等の技術が存在しており、海外でも活用されていくであろう。

第12章の参考文献

[1]　村山隆雄：『オゾン層保護の歴史から地球温暖化を考える─「モントリオール議定書」20周年、「京都議定書」10周年に寄せて─』、国立国会図書館調査および立法考査局　レファレンス、2008年3月．

[2]　独立行政法人　国立環境研究所：「国立環境研究所特別研究報告(SR-36-2001)概要」

---

3)　分解しにくい溶存態の(水に溶けている)有機物を意味する。一般に「溶存態」とは孔径 $0.2\,\mu m \sim 1\,\mu m$ のフィルターでろ過したものをいい。「難分解性」とは十分な溶存酸素、暗所、一定温度の条件下で、一定期間バクテリアによる分解を経た(生分解試験)後に残存するものを指す。ちなみに、本研究では、暗所、20℃、100日間の分解試験後に残るものを難分解性 DOM と定義している。独立行政法人　国立環境研究所「国立環境研究所特別研究報告(SR-36-2001)概要」より。

4)　オゾン処理：オゾン(分子式 O_3)の強力な酸化力を用いて消毒、脱臭、脱色等を行うこと。

5)　フェントン浄化法：過酸化水素(H_2O_2)鉄イオン(Fe^{3+})を共存させて化学反応によって活性分子(ヒドロキシラジカル[OH・])を生成させ、汚染物質を化学的に分解する方法である。

[3] 「富士通グループの2005年環境報告書」，発行所，2005年．

[4] 化学物質対策〜国内外の動向と課題〜」，衆議院調査局環境調査室，2009年3月．

[5] JOGMEC企画調査部，鈴木徹「欧州新化学物質規制(REACH)の動向と金属産業界へ与える影響」，JOGMEC，2009年3月26日．

[6] 経済産業省製造産業局化学物質管理課のHP資料 http://www.juntsu.co.jp/mainte_guide/mainte_guide_old/mainte_guide0912.html より引用。

[7] 外務省HP資料 http://www.mofa.go.jp/mofaj/gaiko/kankyo/jyoyaku/pops.html ストックホルム条約事務局 http://www.pops.int/ より整理

[8] IPCC/TEAP Special Report on "Safeguarding the Ozone Layer and Global Climate System：Issues Related to Hydrofluorocarbons and Perfluorocarbons" WHO/UNEP, ISBN 92-9169-118-6, 2005.

[9] 富士通グループの2005年環境報告書
「http://img.jp.fujitsu.com/downloads/jp/jeco/report/rep2005/2005report57.pdf#search='RoHS指令2004」より引用

第13章
生物多様性関連ビジネス

13.1 生物多様性関連ビジネスの背景

13.1.1 生物多様性関連ビジネスとは

　地球環境問題とは、地球温暖化、気候変動、熱帯林の減少、水産資源の枯渇、農地土壌の劣化、湖沼の富栄養化、野生動物の大量絶滅、外来生物の拡散、砂漠化など非常に多岐にわたる問題である。このような地球環境問題の解決に向けては、個々の問題の連続性に注目する必要がある。これらの諸問題は、時間的、空間的な隔たりを持ちつつ、それぞれが密接かつ複雑に結びついている。つまり、地球環境問題は、個別の問題の対処だけでは根本的な解決はなされず、諸問題を包含した全体的な取組みが求められる。

　従来、生物多様性という言葉は、野生動植物の保護に関して生態系に含まれるシステム全体の保全が必要であったため、すべての生物、生態系を包括的に捉えられる用語として生み出された。しかし、およそ50年の環境分野における議論を経て、生物多様性は、その概念の広さからさまざまな環境問題と結び付けられ、現在では地球環境問題全体を扱うために必要不可欠な存在となっている。そして、都市公害や気候変動と同様、新たな価値観を社会の中に位置づけることで、新たなビジネスの機会を生み出しつつある。

　一般に、生物多様性とは、遺伝子、種、生態系の3つの階層のそれぞれの多様性、およびそれらが複雑につながっている状態と定義される（図表13.1）。

　簡略化していえば、生物多様性とは、あらゆる生物、生態系の違い、および

(出典) MURC作成
図表13.1　生物多様性の概念

それらのつながりととらえられる。

　この生物多様性の保全に関連するビジネスが生物多様性関連ビジネスである。生物多様性は、地球上の幅広い対象をとらえている。地球上のあらゆる生物種、それぞれの種の中での違い、さらには土壌や水分など非生物も含んだ生態系が、生物多様性という一語に含まれている。つまり、生物多様性を守るということは、地球のすべての環境を守ることに他ならず、生物多様性が地球環境問題の解決の重要な切り口といわれる所以である。

　もう1つ、生物多様性を捉えるために重要なポイントとして、地域固有性がある。例えば、生物多様性の理想的な状態は、原生自然としては熱帯雨林と捉えられることもあるが、日本の山間部では、地域の人によって育まれた農地と森林が複合的に混じった里山環境ととらえられることもある。つまり、生物多様性の理想とされる状態は、地域の気候や地質などの自然的特性だけでなく、地域の文化や慣習などの社会的特性にも強く規定され、地域ごとに異なることが前提となっている。この地域固有性に対する考え方は、全世界において共通目標をたてている地球温暖化と大きく異なり、実際に生物多様性を守る活動を行う際に戸惑うところでもある。生物多様性関連ビジネスにおいても、この地域固有性という視点は欠かすことができない。

13.1.2　生物多様性の危機とは

　現在の地球の生物多様性の状態は、きわめて厳しい状態にある。さまざまな生態系の劣化にともない、世界の生物種は、約46億年の地球の歴史のなかでも、第6次大量絶滅と呼ばれるほどの、未だかつてないスピードで減少している。さらに、我が国では、中山間地域を中心に農林業が衰退していくことによる、里地里山の生物種の減少や生態系の劣化が問題になっている。

　このような生態系の劣化や生物種の減少は、一見、われわれの日常生活や経済活動には大きな影響を及ぼさないようにみえる。しかし、われわれは、これら生物多様性からさまざまな恩恵を享受しており無関係ではない。生物多様性から人間生活にもたらされる恩恵は、「生態系サービス」といわれ、図表13.2に示すとおり、食料や物資を提供する「供給サービス」、快適な生活、社会環境を保つ「調整サービス」、地域の文化の創出起源となる「文化サービス」、そしてこれらの3つのサービスを支える基盤サービスに分けられる。

　これらの生態系サービスは、市場では取引されないものも多く含まれるが、

（出典）　MURC作成

図表13.2　生態系サービスという機能

```
背景要因  →  農林業   漁業、狩猟   工業・鉱業   エネルギー・運輸

直接的な圧力  →  土地改変   侵略的外来種   捕食・狩猟圧
                  資源の過剰利用   汚染   気候変動

生物多様性の損失  →  遺伝的多様性の減少   個体数の縮小   自然地の縮小
                      希少動植物の減少   種の絶滅   有害鳥獣の増加
```

(出典) MURC 作成

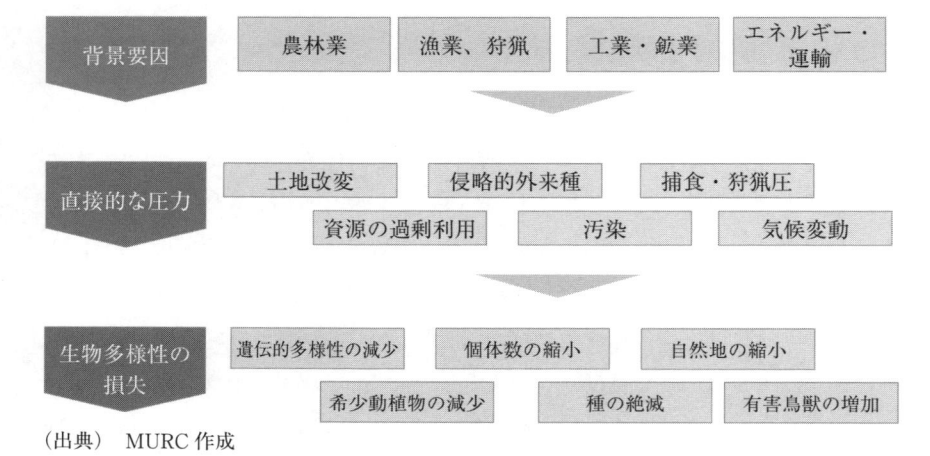

図表 13.3　生物多様性の損失を促す直接的圧力と背景要因

その社会、経済的価値は莫大なものである。実際、世界全体の生態系サービスの経済価値は 33 兆ドルに上るという試算も示されている。

それでは、生物多様性や、そこから生み出される生態系サービスは、なぜ劣化しているのだろうか。図表 13.3 は大胆に単純化しているものの、土地の改変、外来種の増加、水産物の乱獲などで、生物多様性の損失が多岐にわたる要因によることを示している。そして、その背景を見ると、いずれも社会経済活動につながっていくことから、企業の事業活動における生物多様性保全が強く求められてきている。

13.1.3　生物多様性保全を導く社会的な枠組み

生物多様性保全の社会的な動きは、1992 年、気候変動枠組条約と同時に採択された、生物多様性条約（Convention on Biological Diversity：CBD）によって本格化した。気候変動枠組条約に比べると、CBD における議論の進展は鈍かったが、これまでに世界のほぼすべての国や地域が参加し、保全に向けた枠組みの構築に向けて着実に進んできた。特に、2010 年に名古屋で開催された締約国会議（CBD-COP10）では、生物多様性保全に関する世界共通目標（愛知目標）や、締約国間の生物資源からの利益配分に関する議定書（名古屋議定書）が採択され、生物多様性保全への大目標と、国際レジームが定められつつある。

このように国際的な生物多様性保全の方向性が固まってきた一方で、国内における生物多様性保全を促す枠組みづくりも進められている。我が国の基本方針を示した生物多様性国家戦略は、条約批准直後の1995年に策定された。また、2003年には「生物多様性保全基本法」が制定され、国全体で生物多様性に取り組む法的基盤が構築されている。さらに、国家戦略や基本法の制定とともに、「鳥獣保護法」などの従来法が改訂され、また「外来生物法」や「里地里山法」などの国の基本戦略に基づいた新法も制定されている。

　加えて、先進的な地方自治体では、地域の総合的な保全計画である生物多様性地域戦略が策定され、また地域固有の生物や生態系の保全を目的とした生物多様性条例も整備され始めている。さらに、名古屋議定書の採択を受けて、遺伝資源の利益配分に関する国内法についても検討がなされている。

　現在のところ、上記にあげている法制度は、生物多様性保全を強く求める開発規制や調達規定など、民間企業の事業活動を直接的に厳しく制限するものではない。しかし、条約会議など国際的な場では、生物多様性保全における民間参画は特に重視されており、2006年の締約国会議（CBD）では民間参画を促す決議が初めて採択されている。これを受けて、我が国の関連省庁や他業界団体からも、民間企業に向けた生物多様性保全の取組みを促すガイドラインや指針などが次々と提案されており、民間企業の積極的な取組みが求められている。

　したがって、現在のところ、直接的な生物多様性保全に関する法的制約は強くはないものの、民間企業の取組みに対する社会的な要請は高まりつつある。

13.2　生物多様性関連ビジネスの現状

　生物多様性は地球環境保全にかかわる総合的概念であるため、民間企業においてビジネスとして生物多様性に取り組み得る切り口は幅広い。本節では、個別企業の生物多様性とのかかわりから、生物多様性の「社会貢献としての参加」、「リスクの回避」、「新たな市場への参入」の3つの視点より、生物多様性にかかわるビジネスの現状を概観する。

13.2.1 社会貢献活動としての生物多様性関連ビジネス

2000年代以降、民間企業の社会的責任を求める声を受けて、その社会貢献活動の一環として、企業の生物多様性保全の取組みもまた急速に増えている。

社会貢献活動としての生物多様性保全の取組みは、日本経済団体連合会（経団連）などの業界団体が行う場合と、各社単独で行う場合に分けられる。経団連は、2009年3月に「日本経団連生物多様性宣言」によって参加企業の行動指針を明示し、日本経団連生物多様性基金を設立して、日本を含む東アジアの自然保護活動を支援している。そして、2008年以降は、毎年数千万円以上の資金を生物多様性保全に関係するプロジェクトに拠出し、成果をあげている。

一方で、個別の企業単位でも、大手企業が中心ではあるが、社会貢献としての生物多様性保全の取組みは、さまざまな形で進められている。例えば、希少動植物の保護活動、里山の手入れ、耕作放棄地の活用、荒廃した森林の間伐、サンゴ礁の再生、マングローブの植林など、非常に幅広い内容で、国内外の多様な場所で実施されている。最近では、多くの企業のCSR報告書には、上記のような取組みが数多くの掲載されており、生物多様性保全は社会貢献活動の1つのメニューとして定着してきた感がある。

社会貢献活動としての企業の生物多様性保全が普及してきた理由としては、生物多様性保全が地域活動との親和性が高く、企業独自の特性や技術を活かして、さまざまな方法で取り組むことができる点があげられる。生物多様性保全の取組みは、野生動植物保護など、民間企業の社会貢献活動として、一般消費者にわかりやすく、幅広い層に受け入れやすい内容であることが多い。また、農林水産業などを通じて地域振興にも結びつきやすく、地域社会への貢献にも通じる内容であり、アピール効果が波及しやすいこともある。

このように一見すると、企業の生物多様性保全の取組みは広がってきたととらえられるが、これらの社会的責任としての取組みでは空間的・経済的な実施規模が小さいため、生物多様性の危機に対する根本的な解決にはなり得ない。

このため、近年では、民間企業に対して生物多様性保全の取組みを社会貢献活動としてだけではなく、企業の事業活動（ビジネス）において取り入れることが強く求められている。

13.2.2　リスク回避としての生物多様性関連ビジネス

　最近の民間企業や消費者の意識の変化により、生物多様性保全に配慮した商品選択が始まりつつあり、これにともない生物多様性認証ビジネスや保全、配慮技術が広がっている。

　上述のとおり、生物多様性の損失は、われわれの社会経済活動が根本的な原因となっているため、一部の企業では、自社のサプライチェーン(バリューチェーン)から生物多様性とのかかわりを整理し、保全や持続可能な利用に適する材料調達を始めている。民間企業の側からすると、このような生物多様性に配慮した材料調達は、商品やサービスの付加価値の向上につながり、顧客や消費者に対するアピール材料になる。また、このような調達活動は、今後の起こり得る法規制の強化に対するリスク回避や、持続可能な調達基盤の構築につながるため、事業活動を長期的に行ううえで必須であるといえる。

　このような民間企業の生物多様性にかかわるリスクを回避するためビジネスとして、「生物多様性認証」と「生態系サービス直接支払い」を紹介する。

(1)　生物多様性に関係する認証制度にかかわるビジネス

　生物多様性認証とは、名前のとおり、生物多様性に配慮、または保全への貢献することが保証された商品のことである。生物多様性の言葉の意味の広さから、これに該当するものは多く、すでに農林水産物を中心にさまざまな認証制度や取組みが提案されている。そして、生物多様性に関する認証製品の売上は、近年急速に伸びている。2008年の段階で、世界全体の市場規模は450億ドル/年とも推計されており、すでに一定のマーケットが構築されつつあるといえる。

　特に、森林、木材については、国際認証制度として比較的早く普及したFSC(Forest Stewardship Council：森林管理協議会)の森林認証制度だけでなく、各国の特性に合わせた認証制度が先進国を中心に数多く構築され、世界全体の認証された森林面積は増加の一途を辿っている。そして、持続可能な森林認証製品の売上は、2005年から2007年の間に4倍にも増加している。

　また、地域や農産物の特性に合わせた認証制度が先進国を中心に構築され、

世界の認証された農地面積は着実に増加している。そして、有機の食品と飲料の世界売上は 2007 年時点で 460 億ドルに達し、1999 年以来 3 倍に増加している。

　我が国でも、農産物の認証制度やそれに類似する制度も数多く立ち上がっており、生物多様性保全に貢献する農業生産は広がっている。実際、農林水産省が生きものマーク（生物多様性に配慮した農林水産業の実施と産物等を活用したコミュニケーションの取組み）事例だけでも、全国で 40 以上にものぼる。

　このうち、新潟県の佐渡市では、トキを中心とした生態系に配慮した「朱鷺と暮らす郷づくり」認証制度を構築し、佐渡産コシヒカリのブランド化を行っている。この認証制度は 2007 年に開始されたが、2009 年には 800ha 以上もの圃場に広がり、佐渡産のコシヒカリは、制度が実施される前よりも高値で取引されるようになっている。また、兵庫県の豊岡市でも、農薬の使用を減らした農法を用いて生産した「コウノトリ育むお米」のブランド化を進め、参加農家の収入の増加に貢献している。また、コメ以外の農産物やズワイガニなどの水産物、林産物も同様に、生物多様性保全に配慮した生産が広がりつつあり、こういった生物多様性に配慮した商品の市場規模は着実に広がりつつある。

（2）　生態系サービス直接支払いビジネス

　生物多様性認証のような、調達活動や商品選択を通じた生物多様性保全への流れができつつあるなか、民間企業がより直接的に保全や持続可能な利用に貢献する資源、材料確保に乗り出す動きとして、「生態系サービス直接支払い」がある。これは、森林の水源涵養機能など、市場に乗らない生態系サービスの価値について、その企業や市民などの受益者が直接的に支払う仕組みである。従来、政府や自治体が実施することが多かったが、持続可能な事業活動の確保のため、最近企業独自で生態系サービス直接支払いが実施され始めている。

　海外では、ヴィッテル（Vittel）の水資源確保の取組みが有名である。ヴィッテルを保有するネスレウォーター社は、特定の地下水源の質を確保するため、フランス・ロレーヌ地方ヴィッテル町の水源地周辺の農民に対して、水質に影響を与える農薬使用の制限等を求める代わりに、農家の土地取得や農業整備などにかかわるコストを負担する取組みを行っている。このような取組みによ

り、ネスレウォーター社は、事業継続に必要不可欠な水資源の安定的な確保（ビジネスリスクの回避）している。同様に、日本でも、こういった水資源の確保に向けた企業の生態系サービス直接支払いの取組みは広がりつつあり、飲料メーカーや精密機器メーカーなどが森林や農地所有者等に対して、独自に生態系サービスの維持に対する支払いをはじめている。

　このような自発的な生態系サービス直接支払いの市場は、世界全体で見ると、2008年時点においても、すでに500万ドル／年に上ると推計されている。このような民間企業が主体となる以外にも、政府や自治体が支援する生態系サービスの直接支払いは、さらに普及している。実際、政府による水関連の生態系サービス支払いは世界全体で52億ドル／年、またそれ以外の生態系サービスの直接支払いも含めると、80億ドル／年以上にもなると推計されている。

(3)　その他のリスク回避に関するビジネス

　生物多様性条約の大きな目的の1つであるABS（Access of Benefit Sharing）に留意する必要がある。すなわちCBDでは、各国の生物遺伝資源の公平衡平な取引を目的としており、民間企業などが、海外の生物資源を利用した場合、その利用による利益を生物の原産地に還元することを求めている。遺伝資源の利用は、COP10において名古屋議定書が採択されたことで今後法的制限がかかると見られており、海外の生物資源を扱っている企業は、原産国・地域への利益配分について、十分に留意する必要がある。

13.2.3　新たな市場としての生物多様性関連ビジネス

　生物多様性の存在は、企業に対するリスク回避だけでなく、地球温暖化の問題が省エネ技術や排出権市場を生み出したように、さまざまな新しいビジネス機会も提供する。ここでは、生態系保全技術・サービス、および生物多様性オフセットに着目して、生物多様性に関する新たなビジネス機会を概観する。

(1)　生態系保全技術、サービスビジネス

　生物多様性の社会的重要性が高まれば、まず野生動物、生態系を保全する技術、サービスが求められることになる。CBDの締結以来、世界的に自然生態

系の保護、再生への取組みが求められており、近年急速に保護区の拡大や自然再生が活発化している。2010年のCOP10で採択された愛知目標は、2020年までの世界共通目標であり、そのなかで保護区面積や自然再生は、数値目標として設定されている。今後もこの流れは強化される向きにある。

日本でも、過去に損なわれた生態系を取り戻すことを目的として2003年に「自然再生推進法」が施行され、国家予算を投じて生態系の復元を行う自然再生事業が全国で広がっている。さらに、自然地に限らず、都市や農村における公共・民間事業でも、生物多様性の配慮に対する取組みが求められる傾向が強まっており、生物多様性保全の技術への要請は高まっている。

さらに、自然保護や再生に関する技術だけでなく、生物多様性の危機をもたらす要因となっている外来種(アライグマ、ヌートリアなど)や鳥獣害(シカ、イノシシなど)の対策も重要視されている。特に、外来種は、地域固有の動植物を駆逐するだけでなく、農林業や観光業に多大な被害を与えている。実際、外来種による全世界の被害総額は、1兆4,000億ドルにも上り、世界経済の5％に相当すると推計されている。また、日本では、農山村地域の鳥獣害被害も顕在化しており、その被害額は、2008年度はおおよそ200億円にも上っている。生物多様性に関する問題は、非常に多岐にわたる分野の技術、サービスが求められ、これらに対する社会的要請は今後も強くなると見られる。

(2) 生物多様性オフセット、バンキングビジネス

地球温暖化対策として、温室効果ガスの排出権取引が活発化している。この排出権取引とは内容は異なるが、生物多様性の分野でも市場メカニズムを用いた保全施策として、「生物多様性オフセット、バンキング」制度が広まりつつある。

生物多様性オフセットとは、開発事業を行う際に、事業主体が事業範囲の変更や規模の縮小などによって、生態系や生物への負の影響について回避や最小化を実施した後で、どうしても負の影響を排除できない部分について、周辺の場所で生態系を保全、再生することによって代償(オフセット)する行為である。生物多様性バンキングとは、事業主体が、保全再生を行う場所(バンク)において創出された保全権利(クレジット)を入手することで、事業による負の影

響を代償される制度である。この両制度は、国や地域ごとに多様なタイプが提案されており、国際的に統一的な手法が定まっているものではない。

この生物多様性オフセット、バンキングについては、権利（クレジット）の取引が注目され、地球温暖化対策の排出権取引の類似施策と見られることがある。しかし、クレジットの考え方、取引の扱い方は大きく異なる。生物多様性オフセットは、上述した生物多様性の固有性が重視されるため、温室効果ガス排出権取引のような国家間の取引が行われる制度ではなく、地域の生態系の保全活動を推進させる制度と捉えるべきである。

生物多様性オフセットは、米国では、1972年の「水質保全法」改正と1973年の「絶滅危惧種法」によって義務化されている。現在では、米国や欧州を中心に世界53ヵ国で制度化されており、世界的には普及が進んでいる。さらに、生物多様性オフセットの件数や、生物多様性バンクの面積は毎年着実に増加している。また、2008年における世界の生物多様性オフセットの市場規模は、すでに法的義務化によるタイプで34億ドル／年、企業などが自主的に行うタイプで1,700万ドル／年と推計されており、一定規模の新たな市場ができたといえる。

日本では、「環境影響評価法」では、開発事業の負の影響の回避や最小化が要請されているものの、生物多様性オフセットの制度は法的には義務化されていないため、海外で実施されているようなオフセット事例はない。

また、近年では、道路や宅地の開発事業において、生態系への負の影響の回避や最小化の実施後、周辺地に保全活動を実施するなど、生物多様性オフセットの考え方に類似した取組みも行われている。これらの取組みは、基本的には開発事業者の自主的な取組みであることが多い。しかし、地方自治体によっては、条例などにより開発事業に対して生物多様性への配慮を求めている場合は、これらの要請についての対応と位置づけられている。

13.3 生物多様性関連ビジネスのゆくえ

生物多様性は、2010年のCOP10の愛知目標によって世界的にその価値の共有化が行われたところであり、まだ社会的な位置づけはそれほど高くないが、

生物多様性関連ビジネスの芽はすでに生まれている。今後の社会的な価値認識が広がるとともに、新規の市場、ビジネス機会は急速に拡大すると予想される。

13.3.1 生物多様性関連ビジネスの将来予測

将来の生物多様性に関するビジネス市場に対する見通しは、さまざまな調査機関の報告をみると非常に明るい。Ecosystem Marketplace は、生物多様性の市場規模について、ビジネスタイプごとに 2008 年と 2020 年、2050 年を推計している（図表 13.4）。これによると、認証農産物の市場規模は、2020 年に

図表 13.4　生物多様性ビジネスの市場規模の将来予測

生物多様性と生態系サービスの市場チャンス	市場規模（米ドル／年）		
	2008（実際）	2020（推定）	2050（推定）
認証農産物（有機、フェアトレード等）	400 億ドル（世界の食品・飲料品市場の 2.5%）	2,100 億ドル	9,000 億ドル
認証林業生産物	50 億ドル（FSC 認証製品）	150 億ドル	500 億ドル
規制市場における森林ベースのカーボンオフセット（CDM，REDO＋等）	さまざまな試験プロジェクト（ニューサウスウェールズのGHG 減少計画等：50 万ドル）	50 億ドル	50 億ドル
任意市場における森林ベースのカーボンオフセット（VCS 等）	2006 年に 2,100 万ドル	50 億ドル	50 億ドル
政府介在による生態系サービスへの支払	30 億ドル	70 億ドル	150 億ドル
水関連の生態系サービスへの政府による支払	52 億ドル	60 億ドル	200 億ドル
流域管理のための任意の支払	コスタリカやエクアドルにおけるさまざまな試験プロジェクト：500 万ドル	20 億ドル	100 億ドル
規制市場における生物多様性補償（US 湿地銀行等）	34 億ドル	100 億ドル	200 億ドル
任意の生物多様性補償	1,700 万ドル	1 億ドル	4 億ドル
バイオプロスペクティング契約	3,000 万ドル	1 億ドル	5 億ドル
土地信託、他役権、その他環境保護のための金融インセンティブ（北米およびオーストラリアにおける TNC プログラム等）	アメリカのみで 50 億ドル	20 億ドル	予測困難

（出典）　*The Economics of Ecosystems and Biodiversity Report for Business – Executive Summary*, TEEB, 2010 をもとに MURC 作成

は 2008 年の 4 倍以上となる 2,100 億ドルとなる。認証林産物も現在の 3 倍の 150 億ドルに広がり、著しい増加が予想されている。加えて、生態系サービス直接支払いや生物多様性オフセットなどの新しいタイプのビジネス市場も拡大すると見込まれている。

また、世界の生物多様性に関係する旅行業は、市場規模が大きく拡大すると見られている。旅行業は、世界経済の中でもっとも大きな産業の 1 つであり、2 億人を雇用し、3.6 兆ドルの経済活動を生み出す非常に大きな市場規模をもつ。生物多様性と関係性の強いエコツーリズムは、世界的に旅行業の市場が伸びるなかで特に高い成長率を示している。1990 年代以降、エコツーリズムの成長率は、年 20 〜 34％を示しており、これは旅行業全体の成長率のおよそ 3 倍にも上っている。

一方で、我が国の生物多様性に関するビジネスも生物多様性の社会的認識が高まるにつれ、その市場は今後拡大すると見込まれる。

実際、環境省による環境経済観測調査で、民間企業が今後取り組みたいビジネスとして、非製造業や中小企業のグループでは、生物多様性に関する項目が比較的上位に入ってきている（図表 13.5）。さらに、10 年後の見通しについて問うた設問では、環境ビジネス全体と同程度、生物多様性分野の好業況を示す結果となっており、民間企業にも生物多様性分野への期待感はあるといえる。

このような民間企業における意向や期待感を踏まえて、生物多様性に関する各分野のビジネスの動向を考察すると次のように考えられる。

まず、農林水産物の認証制度による市場は、消費者の生物多様性保全に対する認識が高まることで、今後も一定の規模で増加すると見込まれる。現在の生物多様性に対する一般的な認知度は、3 割程度ともいわれており、今後、一般の認知向上に向けた普及活動を強化することで、まだ伸びる余地が大きいと考えられる。加えて、生物多様性の認証制度に関するビジネスを拡大させるためには、消費者や顧客が生物多様性保全の効果を十分に評価できる手法や、生物多様性の保全と良質な作物生産の両立を図る技術の確立も必要である。

また、生物多様性オフセットや生態系サービス直接支払いは、諸外国では政府や自治体の規制が後押しとなって生まれることが多い。我が国では、現段階でそういった社会的要請が強くないうえ、諸外国との生物多様性の問題も大き

非製造業 / 中小企業

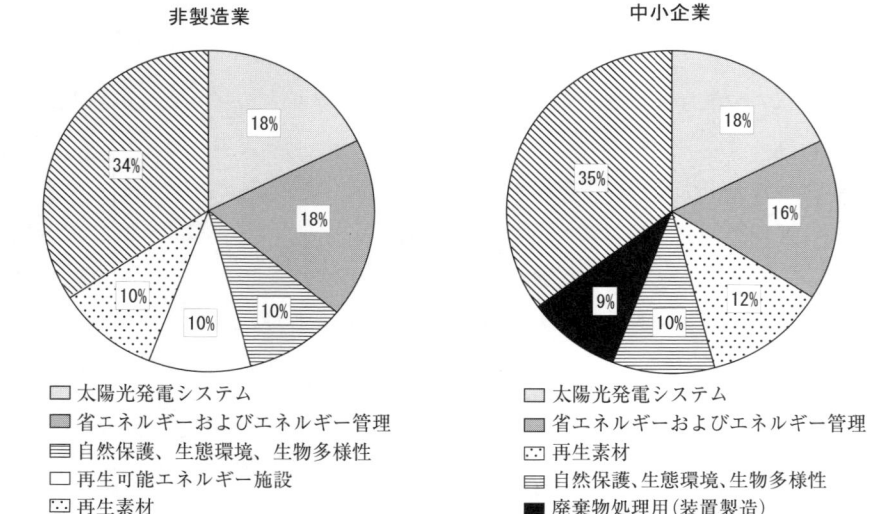

非製造業
- 太陽光発電システム 18%
- 省エネルギーおよびエネルギー管理 18%
- 自然保護、生態環境、生物多様性 10%
- 再生可能エネルギー施設 10%
- 再生素材 10%
- その他 34%

中小企業
- 太陽光発電システム 18%
- 省エネルギーおよびエネルギー管理 16%
- 再生素材 12%
- 自然保護、生態環境、生物多様性 10%
- 廃棄物処理用(装置製造) 9%
- その他 35%

(出典) 環境省:「環境経済観測調査報告書」, 2011年をもとにMURC作成

図表13.5　生物多様性ビジネスの市場規模の将来予測

く異なることから、我が国で同様の規制的な制度が早急に導入される可能性は小さい。しかし、国土全体の生物多様性や生態系サービスの評価が進み、これらの社会的価値が顕在化することで、民間企業の事業活動に対する社会的要請は高まると考えられる。その結果、民間企業が自主的に行うオフセットや直接支払いが増加する可能性は十分にある。また、国際的な議論の進展によっては、日本企業の諸外国における活動に影響をもたらす可能性は大きい。

　旅行業については、日本人の欧米型のエコツーリズムの認知は小さく、日本人の旅行全体に対するニーズは縮小していることから、日本人向けの市場としてはそれほど大きくは見込めない。しかし、日本は、固有の動植物が数多く生息し、世界の生物多様性のホットスポットとして認定されている。また、屋久島、白神山地、小笠原諸島などの世界遺産も数多く抱えており、エコツーリズムに関係する観光資源は豊富にある。これらを、さまざまな形で世界へアピールすることで、世界的なエコツーリズム需要を取り込める可能性がある。

13.3.2 生物多様性関連ビジネスの参入に向けて

　最後に、生物多様性関連ビジネスについて、民間企業が参加するために必要なステップを紹介し、本分野における取組みを行ううえでの留意点を述べる。

　民間企業がビジネスとして生物多様性に取り組む第一歩は、自社の生物多様性と生態系サービスの依存度を特定することである。自社のバリューチェーンを通じて、直接的、間接的に生物多様性や生態系サービスとかかわっている項目を抽出し、それらを保全や持続可能な利用の観点から評価していく必要がある。

　本章で述べたような、生物多様性のリスクとチャンスを整理することで、現在抱えている問題解決や新たなビジネス機会の獲得に向けた方策は定まる。その方策として、生物多様性保全のリスク回避を目的とするのであれば活用し、新たなビジネス機会と捉えられれば参入を目指すことになる。

　さらに、生物多様性関連ビジネスへの参加にあたっては、他の環境ビジネスとの連携、そして公共セクターとの協働が重要となる。生物多様性とはほぼ地球環境問題全体を包含する幅広い概念であり、さまざまな環境ビジネスと連動する。このため、生物多様性保全を従来の自然保護とは異なる視点で捉え、多様なビジネスシーズとの効果的な融合を狙えば、新たなチャンスをつかみやすくなる。

　また、一般の環境ビジネスでも同様だが、生物多様性関連ビジネスも規制や制度によって大きく変わる。生物多様性関連ビジネスの市場は、今後の政策の方向性に大きく依存することになるため、国際的な議論、公共セクターの動向には十分に注視することが重要である。

　生物多様性関連ビジネスは、その概念の幅広さから、社会的な受入れに時間がかかっているが、逆をいえばあらゆる業種業態が取り組めるテーマであり、将来的な展開の幅はきわめて広い。そして、社会的な受け入れが遅くなったこともあり、今すぐに取り組めば、トップランナーになりやすい分野といえる。この機会を逃さず、生物多様性保全の視点から事業活動をとらえなおし、地球環境問題に真に貢献する新たなビジネス機会を発掘することが望まれる。

第13章の参考文献

[1]　Costanza, *et al.*, "The value of the world's ecosystem services and natural capital," *Nature* Vol.387, p.253-260, May 1997.

[2]　Joshua Bishop, Sachin Kapila, Frank Hicks, Paul Mitchell and Francis Vorhies., *Building Biodiversity Business*, IUCN, 2008.

[3]　Ecosytem Marketplace, State of Biodiversity Markets -Offset and Compensation Programs Worldwide-,2010.

[4]　TEEB, *The Economics of Ecosystems and Biodiversity Report for Business – Executive Summary, 2010.*

[5]　環境省:『環境経済観測調査報告書』, 2011年.

◎索引

【数字】
3R　15，96，98

【A-Z】
ABS　169
AMI　56，57，58
ARRA　54，67
AUV　141
BMS　142
BOP層　8
BOPビジネス　8
BOPビジネス支援センター　8
BOT　124
BSR　139
CBD　164
CDM　26，28，88
CER　26，28
CFC　152
CNG　66
COP　25
CSR　1
CSR調達　7
CVD　65
EPC　127，128，129
ESG評価　10
ET　27
EU-ETS　31
EV　65
EV・PHEVタウン構想　72
E-モビリティ国家開発計画　67，72

FCV　65
FIT　81
FPG　142
FSC　167
G2V　57，73
G8北海道洞爺湖サミット　22
GHG　25
GHS　148
GWRA　125
HCFC　153
HV　65
IIRC　10
IPCC　25
ISO 26000　4
JI　26，27
MBR　125
MSDS　148
ODP　155
PFI法　123
PPP　125
REACH　148
RoHS指令　147，148
ROV　141
TOT　125
V2G　57，73
V2H　73
WEEE　154
ZEV法　67

【あ行】
芥とり業者　95
アンシラリーサービス　61
ウィーン条約　152
エクセルギー損失最小技術　44

177

エコツーリズム　173
エネルギー基本計画　40, 78
エネルギー供給構造高度化法　80
エネルギー政策基本法　40, 78
エネルギーの使用の合理化に関する法律　39
エネルギーマネジメントシステム　16
欧州域内排出権取引制度　31
沖ノ鳥島　134
オゾン処理　158
オゾン層　152
温室効果ガス　25

【か行】
海外水循環システム協議会　125
海底擬似反射面　139
海底熱水鉱床　139
海洋基本法　136, 137
貴金属　113
気候変動に関する政府間パネル　25
気候変動枠組条約締約国会議　25
キャップ＆トレード　34
共同実施　26
京都議定書　26, 40
京都メカニズム　26
玉集め　97
金属リサイクル　102
クリーン開発メカニズム　26, 27
グリーン調達　7
クリーンディーゼル自動車　65
グリッドtoビークル　73
グリッドパリティ　83
クレジット　26, 28
経団連環境自主行動計画　45

原子力　21
公海　135
国際統合報告委員会　10
国内クレジット制度　33, 47
固定価格買取制度　81
コバルトリッチクラスト　139
コモディティ　100
コモディティ商品　11

【さ行】
サーマルリサイクル　103
再生可能エネルギー　75
サプライチェーンリスク　8
資源ナショナリズム　98
資源有効利用促進法　98, 99
次世代自動車　66
自然再生推進法　170
地熱発電　86
循環型社会形成基本法　99
省エネ法　39, 41
省エネラベリング制度　16
省エネルギー技術戦略　42
新・国家エネルギー戦略　79
新成長戦略　40, 79
水力発電　84
ステークホルダー・エンゲージメント　2
ストックホルム条約　152
スマートグリッド　51, 53, 61
スマートグリッド市場　51
スマート経営　24
スマートコミュニティ　23
スマートメーター　58, 60
生態系サービス　163

生態系サービス直接支払い　168
生物多様性　161
生物多様性オフセット　170
生物多様性条約　164
生物多様性認証　167
生物多様性バンキング　170
製錬　110
精錬　110
ゼロエミッション　15
ゼロ排気ガス車　67
尖閣諸島　134

【た行】
代替フロン　155
太陽光発電　81
太陽電池　81
大陸棚　135, 136
竹島　134
低炭素技術　46
デマンドレスポンス　57
デュー・ディリジェンス　4
電気自動車　66
天然ガス自動車　66
電炉ダスト　113
特殊鋼向けレアメタル　114
都市鉱山　108
トップランナー方式　15

【な行】
難分解性有機物　158
二国間オフセット・クレジット制度　37, 48, 49
燃料電池自動車　65

【は行】
バイオマス　104
バイオマス活用推進基本計画　87
バイオマス発電　87
廃棄物　101
廃棄物処理法　98, 99, 100, 101
排出権　25
排出量取引　26, 27
排出量取引制度　31
排出量取引の国内統合市場の試行的実施　32, 33, 45
排他的経済水域　134, 135
ハイブリッド自動車　66
パワーコンディショナ　60
ビークル to グリッド　73
びん商　105
風力発電　83
フェントン浄化法　158
プラグイン・ハイブリッド自動車　66
プラスチックリサイクル　103
フロン　152, 155
紛争鉱物　115
米国再生・再投資法　54, 67
ベースメタル　111
北方領土　134

【ま行】
マルチ・ステークホルダー・プロセス　4
マンガンクラスト　138, 139
マンガン団塊　138
民間資金等の活用による公共施設等の促進に関する法律　123
メタンガス　139

メタンハイドレート　133, 139
専ら物　96
モントリオール議定書　152

【や行】
ユニバーサルデザイン　12
容器リユース　105
ヨハネスブルク実施計画　150

【ら行】
リオ宣言　2

リサイクル　15
リターナブルびん　105
リチウムイオン二次電池　67, 68, 71
リチウム空気イオン電池　73
リデュース　15, 96
リユース　15, 96
領海　135
レアアース　108, 115, 138
レアアース元素の用途　116, 117
レアメタル　108, 138

◎編者紹介

長沢 伸也（ながさわ　しんや）

早稲田大学大学院商学研究科教授　博士後期課程商学専攻マーケティング・国際ビジネス専修および専門職学位課程ビジネス専攻MBAプロフェッショナルプログラム。工学博士（早稲田大学）。

主著に『水ビジネス論－ヴェオリア、スエズを超えて－』（共著）、『環境ビジネスの変革者たち』（編著）、『廃棄物ビジネスの変革者たち』（編著）、『環境ビジネスの挑戦』（共著）、『循環ビジネスの挑戦』（共著）、『廃棄物ビジネスの挑戦』（共著）、『Marketability of Environment-Conscious Products: Application of "Seven Tools for New Product Planning"』（共著）、『環境対応商品の市場性－「商品企画七つ道具」の活用－』（共著）、『廃棄物ビジネス論－ウェイスト・マネジメント社のビジネスモデルを通して－』（共著）、『環境にやさしいビジネス社会－自動車と廃棄物を中心に－』（単著）、『環境学概論』（共著、韓国版も出版）などがある。

◎著者紹介

三菱UFJリサーチ＆コンサルティング株式会社

矢野 昌彦（やの　まさひこ）
マネジメントシステム部
第1章、第2章担当

佐野 真一郎（さの　しんいちろう）
マネジメントシステム部
第3章、第4章担当

青野 雅和（あおの　まさかず）
マネジメントシステム部
第10章、第11章、第12章担当

荻巣 幸美（おぎす　ゆきみ）
マネジメントシステム部
第7章担当

清水 孝太郎（しみず　こうたろう）
環境・エネルギー部
第8章、第9章担当

大澤 拓人（おおざわ　たくと）
環境・エネルギー部
第5章、第6章担当

西田 貴明（にしだ　たかあき）
研究開発第2部（大阪）
第13章担当

環境ビジネスのゆくえ
―グローバル競争を勝ち抜くために―

2012年3月24日　第1刷発行

編　者	長沢　伸也
著　者	三菱UFJリサーチ&コンサルティング株式会社
	矢野　昌彦　佐野真一郎　青野　雅和
	荻巣　幸美　清水孝太郎　大澤　拓人
	西田　貴明
発行人	田中　健
発行所	株式会社日科技連出版社
	〒151-0051 東京都渋谷区千駄ヶ谷5-4-2
	電話　出版 03-5379-1244
	営業 03-5379-1238～9
	振替口座　東京 00170-1-7309
	URL　http://www.juse-p.co.jp/
印刷・製本	河北印刷株式会社

© Shinya Nagasawa, Masahiko Yano et al. 2012
Printed in Japan

本書の全部または一部を無断で複製（コピー）することは、
著作権法上での例外を除き、禁じられています。

ISBN978-4-8171-9431-2